鉄のまほろば

山陰 たたらの里を訪ねて

たたら文化は日本の誉《ほまれ》

田部家第25代当主　田部　長右衛門

この度、山陰中央新報紙面に連載された「鉄のまほろば」が一冊にまとめられ、単行本として発刊されたことは、「たたら文化」継承の観点からも誠に意義深く、深く敬意を表します。

私ども田部家は鎌倉時代、紀州田辺（現在の和歌山県田辺市）にその端を発し、たたら操業を本格的に開始してから、およそ５００年余りに及びます。当家初代・鉄山元祖・田辺彦左衛門（当時は田部ではなく田辺）より、私で数えて25代目にあたり、連綿とつながる「たたら文化」を現在まで継承して参りました。

山陰地域は古くより良質な砂鉄が取れることから製鉄が盛んでしたが、私どもの祖先も鉄を求めて紀州よりこの地に移り住んできております。

たたら場は当家で幾つか経営しておりましたが、その中でも日本唯一現存するたたらである「菅谷たたら」では、大正時代までおよそ１７０年間、８６００回を超える操業が行われ、近代化に伴う鉄の需要を満たしてきました。品質でも明治25（１８９２）年のシカゴ万博、同32（１８９９）年のパリ万博に出品し、世界で大きな評価を頂きました。その評価を頂いたことで、大正天皇の御守り刀に使う玉鋼を当家から献上させて頂く栄誉も得ました。

しかし、そんな日本近代化に大きく貢献した「たたら文化」も誰もが知っているわけではありません。富岡製糸場のように教科書に載っているわけでもありません。実は地元の方でも余り詳しくはご存じない方も多いのではないでしょうか。

私が本書を通じて知って頂きたいことは、たたら事業は単に鋼を作るだけの仕事ではなく、非常に裾野の広い事業であったということです。

「たたら操業」と一口に言っても、技師長である村下《むらげ》に代表される鋼を作る人だけでなく、山で木の世話をする人、炭を作る人、砂鉄を取る人、牛馬の世話をする人、鋼を運ぶ人、船を動かす人、農業をする人と多くの人がその仕事に携わってきました。その中で町や村が形成され、様々な文化や歴史が埋積していきました。

そうしたこの地域が誇る「たたら文化」を、子々孫々に伝承していくためにも、鉄にまつわる様々な要素が盛り込まれているこの「鉄のまほろば」が多くの方々に読まれ、理解の広がりと継承への力となることを確信いたします。

私たちも「たたら文化」を伝承していく為、そして島根の山間地にもう一度光を当てる為に、今後「たたら操業」の復活を計画しており、玉鋼を使い新たな挑戦を始めていきます。

今こそ「たたら」が世界に誇る産業・文化であると認知してもらい、発信していく時です。「鉄のまほろば」発刊を契機に、地元の学生・山陰両県の皆様がこの地域にはこんな誇れる文化があることをあらためて知って頂き、ひいては全国の皆様が「たたら文化」を「日本の誉《ほまれ》」であると思って頂く一つのきっかけになればと大きな期待を寄せております。

語り継ぎたい「たたら文化」（まえがきに代えて）

今再び「たたら」が注目を集めています。島根県奥出雲町の「たたら製鉄と棚田の文化的景観」が２０１４年、中国地方初の「国の重要文化的景観」に選ばれました。世界で唯一たたらの炎をともす日刀保たたらがあるこの町には、土砂を再利用して造り上げた棚田、機能的につくられた集落、整備された山林など誇るべき景観があります。棚田では食味の良い仁多米が作られ、今も持続可能な地域経営が続きます。

雲南市吉田町では、国指定重要有形民俗文化財の菅谷たたら山内で高殿が修復されました。菅谷たたらの周りに密集する住宅は、中国山地の山間部で多くの人を養う経済力があったことを物語ります。そして、２０１６年４月、雲南市、安来市、奥出雲町が申請した「出雲國たたら風土記〜鉄づくり千年が生んだ物語〜」が、文化庁選定の日本遺産に決まりました。

石見地方もたたらの一大拠点でした。出雲市から江津市の沿岸部や江の川沿いに多いたたら跡は、砂浜から採取したり、船で運んだりした砂鉄を原料に操業し、邑智郡や旧那賀郡から広島に鉄を運ぶ「鉄の道」も残ります。

一方で、砂鉄を採取するために山を切り崩し、奥出雲町や邑南町では尾根を削ったり、砂鉄の採取後の大量の土砂を石垣を組んで引き込んだりして、平地のない山間部に耕地を造り上げてきました。

千年以上かけてこの地域に住み続けた人々が、一つずつ、丁寧につくり上げてきた景観や、たたらに関わる先人たちの足跡を訪ねた今回の企画は、地域の誇りを再確認する作業でした。中国山地で行われてきた砂鉄採取、木炭製造、食料生産、製鉄とその運搬という地域の素材を活用した複合的な営みは、人口減少が続き、地方創生が叫ばれる現代の道しるべになるのではないか。そんな期待を胸に私たちは２０１５年１月に「鉄のまほろば」の連載をスタートさせました。

企画の取材で初めて訪ねた日刀保たたらでは、製鉄炉から数メートルの高さに立ちのぼる炎に目を奪われると同時に郷愁が込み上げてきました。それは木炭と炉の土が焼けるにおいでした。中国山地の山あいで幼いころにかいだ炭焼き窯と同じにおいがしました。

各地に足を運び、歴史をたどるうちに中国地方の今の暮らしが、たたらの歴史の上に成り立っていることを思い知らされました。中国山地には「こんな山中にどうして住み着いたのか」と思う集落もあります。山間部の暮らしを鉄穴流し、木炭の製造、たたら製鉄、原料や製品の運搬など、裾野の広いたたらが支えてきたのです。

影響は沿岸部にも広がっていました。鉄を運び出す回船業者や港の労働者、運搬する牛馬の飼育、問屋をはじめ流通の発達など、鉄の生産と販売は中国地方の産業や町の基盤でした。さらに、刃物の町・新潟県三条市で、原料を供給し続けた山陰の人々に感謝する職人の言葉や、トヨタ発祥の地に伝わる金屋子神の話を聞くと、たたらの影響の広がりに驚かされました。

ただ、山陰の生活をかたちづくってきたたたらが、特に石見地域で多くが埋もれ、忘れられようとしていることに心が痛むこともありました。

たたらは経済、文化、暮らしを支え、そして今につながる中国地方の核心といえます。その歴史を後世に語り継ぎ、地域に根ざしたたたらの成果を現代に生かしていくことが中国地方に住む私たちの役目です。

そうした思いを記録にとどめるために1冊の本としてまとめたのが本書です。今も息づく「たたら文化」を多くの方に知っていただき、地方の価値の再発見につながれば望外の幸せです。

山陰中央新報社「鉄のまほろば」取材班・森田　一平

※本書は、山陰中央新報紙面で２０１５年1月22日から16年3月14日まで連載した「鉄のまほろば」を一部加筆・修正し、まとめたものです。
※登場する団体名、個人の肩書・年齢などは掲載時のままです。
※各項目下のカッコ内の日付は新聞掲載日を示します。

目次

弓《ゆみ》ケ浜《はま》半《はん》島《とう》

米子市から境港市まで北西に幅３～５㌔、長さ 18 ㌔にわたって延びる日本最大規模の砂州。美保湾側の外浜は、江戸時代に日野川流域で盛んだった、たたら製鉄の鉄穴《かんな》流しによって供給された大量の土砂が砂州や浜堤《ひんてい》に成長してできたと考えられている。海岸の波打ち際では、黒い砂鉄が集積している場所が観察できる。

和《わ》鋼《こう》博《はく》物《ぶつ》館《かん》　安来市安来町

和鋼博物館は、たたらの総合博物館。たたらの系譜を引く日立金属安来工場やかつて積み出し港として栄えた安来港の近くにある。送風装置の天秤《てんびん》ふいごなど日立金属が収集し、国の重要有形民俗文化財に指定されている 250 点のたたら用具を中心に、高級特殊鋼の世界的ブランド「ヤスキハガネ」の資料もある。

図録「たたら製鉄と近代の幕開け」（島根県立古代出雲歴史博物館発行）を参考に作成

金《かな》屋《や》子《ご》神《じん》社《じゃ》　安来市広瀬町西比田

鉄造りの神・金屋子神を祭る全国の神社の本社。古くから中国地方一帯のたたら関係者による寄進によって造営が重ねられ、現在でも製鉄企業の関係者や鍛冶業者などから幅広く崇尊を集める。鉄作りの神がシラサギに乗って比田のカツラの木に降りたという伝説が残る。

日刀《にっとう》保《ほ》たたら　島根県奥出雲町大呂

日刀保たたらは日本刀の原料となる玉鋼の供給を目的に、日本美術刀剣保存協会（日刀保）によって 1977 年に復元。日本で唯一の本格的なたたら操業を毎年１月下旬から２月上旬までに３回行う。１回の操業は３昼夜 70 時間。村下《むらげ》と呼ばれる技師長を中心に過酷な作業が続く。３回で約６～７㌧の玉鋼を生産、全国の刀匠に提供される。

中国地方に残る製鉄文化

室谷棚田《むろだにたなだ》　浜田市三隅町室谷

石見部で、たたら製鉄の原料となる砂鉄の代表的産地の一つ。傾斜地に水を流して削る鉄穴《かんな》流しと呼ばれる手法で、約千枚の階段状の水田が築かれた。「日本の棚田百選」に選ばれている。砂鉄は江戸時代、中国山地を越え広島県芸北地域の加計家のたたら場などへ運び込まれていった。

官営広島鉄山《かんえいひろしまてつざん》

官営広島鉄山は、輸入洋鉄や洋式製鉄に押され斜陽化し始めた広島県内の民営たたらを明治初頭に引き継ぎ、同県北部を拠点に操業した製鉄会社。国から派遣された２人の若い技師が開発した、れんがを積み上げた角炉は、たたら製鉄の近代化に貢献した。明治期に衰退したたたら製鉄最後の輝きを放った象徴的な存在として知られる。

斐伊川《ひいかわ》

島根、鳥取県境の船通山を源流とし宍道湖、大橋川、中海を経て日本海に注ぐ山陰最大級の河川。そのうち宍道湖河口までの長さは75㌔。上流域で行われた鉄穴《かんな》流しは江戸時代、川底が周囲の平野部の地面より高い天井川となる原因だった。一方、人為的に流路を移し替える「川違《かわたがえ》」で土砂を流し込み、宍道湖西岸の大規模な干拓にも利用された。

菅谷《すがや》たたら山内《さんない》　雲南市吉田町吉田

山内は、鉱山関係の仕事に従事した職人の作業場と家族の住居などが一体的になった場所を指す。田部家が操業した菅谷たたらは、日本で唯一残る高殿様式の製鉄施設、事務所に当たる元小屋、米蔵などが集積。たたら操業の歴史を伝える貴重な遺産として国の重要有形民俗文化財に指定されている。

鉄山師《てつざんし》

出雲のたたらは、田部家や絲原家、櫻井家の奥出雲御三家が江戸時代に松江藩の保護下で最盛期を迎え、豊富な山林資源も背景に、250 年以上にわたる製鉄業で繁栄を築いた。御三家は近代に入ってたたらが衰退した後も、有力地主として地域経営をリードした。一方、田儀櫻井家がたたらの原料を域外に求め、海運を生かした経営もあった。

伯耆では、江戸中期から参画した奥日野の近藤家が後に奥出雲の旧家をしのぐ存在となった。

日刀保たたら火入れ式で、炉に砂鉄を投入する村下

中国山地は鉄の聖地だ。そこでは古来、鉄穴《かんな》流しと呼ばれる手法で山を削って採り出した砂鉄と、山で焼いた木炭で上質の鉄を作りだす「たたら製鉄」が営まれてきた。

削り取られた山の跡や土砂を活用した棚田が造り出す独特の景観を眺めるとき、その営々たる仕事の偉大さに胸を打たれる。中国山地は、鉄作りにまつわる人々の営みがつくりあげた「まほろば（素晴らしい場所を意味する古語）」だ。

今もたたら製鉄の火がともる島根県奥出雲を出発点に、出雲、石見、そして、中国地方を見渡しながら「鉄のまほろば」を訪ねる。

◆奥出雲・鉄穴残丘

大地に刻む特異な景観

奥出雲町の棚田を巡ると、奇妙な光景に出くわす。稲原地区の原口集落では、ラクダのこぶを組み合わせたような丘が棚田の中にぽつんと浮かぶ。近づくと、上に墓石が見えた。

この丘こそ、当地がかつて山であったことを示す大地の記録。一見、何の変哲もない棚田の風景は、奥出雲の人々が中世から近世、近代へと約500年間にわたって、鉄穴《かんな》流しを営み、丘陵を削り続けて造りだした特異な景観だ。鉄穴流しは、たたら製鉄の原料となる砂鉄を、山を切り崩し土砂を水流に流して採る技法。丘は神聖な場所を守るため、わざと削らずに残した残丘《ざんきゅう》だった。

同所で農業を営む川島嘉和さん（68）によると、丘の南側にはもともと荒神を祭る杉と薬師堂があり、墓石がある北側は川島家など3軒の共同墓所になっている。

嘉和さんの父・忠嘉さんが調べてまとめた「川島家記録」から、鉄にまつわる家の歴史が浮かび上がる。先祖の彦兵衛は、飯石郡上山村（雲南市吉田町）の本家・川島家（屋号・鍛冶屋）から来た大鍛冶屋の職人だった。大鍛冶はたたらでできた銑鉄《せんてつ》を熱して鍛え、農具などの原材料となる包丁鉄を作る。彦兵衛はその腕で金をため、江戸時代後期の文化12（1815）年、原口に屋敷と田畑を買い、以降、代々暮らしてきた。

記録から面白いことが分かる。彦兵衛が購入した田の広さの2反5畝3歩に対し、嘉和さんが現在、仁多米のコシヒカリを育てる田は1町歩と4倍になっている。彦兵衛以降、川島家の人々が鉄穴流しで丘を削り、田を広げたとみられる。

嘉和さんが、幼い頃から慣れ親しんだ棚田や丘が山を削って造られたと知ったのは、奥出雲町の「たたら製鉄と棚田の文化的景観」の調査に伴う3年前。「重機もない時代、人と水の力で田を造

（2015年1月22日付）

ラクダのこぶを組み合わせたような鉄穴残丘。鉄穴流しで削らずに残され、信仰の場として住民に大切にされている＝島根県奥出雲町稲原の原口集落

るとはようやったものだ」と慈しむ。

原口集落には九つの鉄穴残丘があり、八つは墓地で、うち一つには古墳の石室が見える。同所の農業、吾郷益己さん（73）は「丘で小便したりすると、家の者が病気になると言い伝えがあった」と説く。それらの残丘を地図に落とすと、南から北へ延びる舌状の尾根（長さ約1・5キロ）の上部の高さを約10メートル削り、平らにしたことが分かる。

棚田とその周辺の景観から、奥出雲の先人たちが祖先を敬いながら長い歳月をかけ、日々の暮らしの中で自然に働きかけてきた営みの記憶が立ち上る。

日本独自の製鉄法・たたらの技術者が暮らした集落の「菅谷たたら山内」。地区内には国内で唯一の高殿（右奥）も現存し、貴重な歴史を伝えている＝雲南市吉田町吉田

クリック

重要文化的景観

先人が暮らしの中で自然に働きかけ、長い歳月を経て造り上げたものが文化的景観。それらの保存、継承を図るため、特に代表的で優れたものを重要文化的景観とし、2004年の改正文化財保護法で規定された。「城下町の伝統と文化」（金沢市）など全国で44件あり、島根県奥出雲町の「たたら製鉄と棚田の文化的景観」は14年、中国地方で初めて選定された。保存活動をする際には、国の補助が受けられる。

◆奥出雲・棚田

採掘後も豊穣の地に

田の上を吹く涼風が心地よい。夕日を浴びて輝く棚田に思わず見とれた。連載の取材で昨春、島根県奥出雲町の船通山北西を巡り、同町中村の蔵屋集落を訪ねた。どこにでもある風景のように見えながら、眼前に広がる棚田の大半が、鉄穴流しによって丘陵を削って造られたと知り驚く。奥出雲の先人たちが中世から約５００年かけて営々と自然に働き掛けてきた証しだ。

鉄穴流しは、山を切り崩して大量の土砂を水路に流し、たたら製鉄の原料となる砂鉄を比重で選鉱して採る技法だ。

「命懸けの仕事だ。亡くなったり半身不随になったりした人の話を聞いた」

同町竹崎の農業、嵐谷真さん（78）が証言する。嵐谷さんは１９６４年から水質汚濁防止法で鉄穴流しが中止された72年まで、同町の羽内谷《はないだに》鉱山鉄穴流し本場で仕事をした。

作業は下流の水田に影響しないよう秋の彼岸から春の彼岸まで。雪が降る真冬でも行った。約2メートルの木の棒の先に金具が付いた打ちぐわを真砂《まさ》土に打ちつける。

「山を崩す切羽《きりは》では一番下流の人が最も危ない。山の下は固く、削っていくと高さ2～3メートルの土砂の壁が突然落ちてくる」と嵐谷さんが記憶をたどる。

砂鉄採取のため、かつて行われていた鉄穴流し。急斜面が突然崩れることもある危険な作業だった。
（日立金属安来製作所鳥上木炭銑工場提供）

（2015年2月2日付）

島根県奥出雲町中村の蔵屋集落。見下ろすと、水を張った棚田が水盤のように輝く。眼前の棚田の大半が鉄穴流しによって造られた＝2014年5月1日撮影

雪に覆われた奥出雲町中村の蔵屋集落
＝2014年12月25日撮影

崩落した土砂の下敷きになることを「鉄穴にうたれる」という。作業の際、先輩たちは「たからばち」という木製の帽子をかぶっていた。パラパラと落ちる砂の音から崩落の予兆を察知し万一、埋まった際は顔の周りにできる空間で息ができる。

それにしても、どうやって丘陵地を棚田にできたのか？ 嵐谷さんはその秘訣として「井手《いで》」と呼ばれる水路の掘削と測量技術を挙げる。大まかな方法はまず、山の裾にため池を造り、冬に降り積もる雪がもたらす豊かな水を利用。ため池から延々と山の斜面に水路を掘り、鉄穴流しで削る尾根の上にも水路とため池を設け、上から大量の水を流し削った土砂を流していく。

同町で主だった水路は江戸時代に造られた。羽内谷では船通山の麓から長さ5キロの水路と、鳥取県境を越えた阿毘縁側から同10キロの水路を掘削。水路は30センチ進むと5ミリ下がる緩やかな勾配だ。砂鉄を得るために掘った水路や池は、鉄穴流しが終わった今でも、かんがい施設として生きている。

通常、世界の鉱山では鉱物を採った後、荒廃することが多いのに当地では豊穣の地になった。奥出雲の「たたら製鉄と棚田の文化的景観」は昨年、国の重要文化的景観に選定された。その事前調査に携わった島根大の林正久名誉教授（65）＝地形学＝は「たたらは砂鉄を採った上、棚田を造り、炭も作られ、鉱業と農業、林業を合わせた一石三鳥の産業。平和で安定した江戸時代に洗練されたシステムが完成していった」と位置付ける。

◆奥出雲・仁多米

鉄穴流し跡 うまさ育む

「炉から真っ赤な炎が上がっていた。たたらはえらいことをすると思った」。島根県奥出雲町竹崎の追谷集落の農業、落合伝一さん（73）は子どもの時に見た叢雲《むらくも》だたらの光景を覚えている。軍刀の需要のため操業していた叢雲だたらの元は追谷に本拠地を置いた江戸時代の鉄師・卜蔵家《ぼくらけ》の原たたらだ。近代製鉄に押され大正時代に鉄づくりをやめたのを、帝国製鉄が借りて終戦まで操業した。

現在は35軒の追谷集落は、かつて米作りとともに「山子《やまこ》」と呼ばれた炭焼きで生計を立て、炭を卜蔵家に納めた。「たたらと棚田は地域の誇り。代々が命をつないできた」と落合さんは語る。

昨年、同町の「たたら製鉄と棚田の文化的景観」が中国地方で初めて、国の重要文化的景観に選定されたのに合わせ、追谷自治会は追谷綿打公園を整備した。展望デッキからは、たたら製鉄の原料・砂鉄を採る鉄穴流しで削られた棚田が一望でき、来訪者にたたらの歴史と文化を実感してもらう。

選定を受け、落合さんら16軒は文化的景観の棚田で栽培した仁多米の新たなブランド名も考案中だ。昨年の米価値下がりの対策として、県外で独自に販路開拓を狙う。

たたら製鉄を営んだ卜蔵家の本拠地・追谷集落には、原たたらの高殿跡近くにカツラの木と、明治期に大量の製鉄の成功を祝して建立した頌功石が残されている＝島根県奥出雲町竹崎

（2015年2月10日付）

船通山の麓にある追谷集落の鉄穴流し跡に開かれた棚田。地元住民が整備した追谷綿打公園の展望デッキから景観が一望できる＝島根県奥出雲町竹崎の同集落

同町が重要文化的景観を目指した事前調査でユニークなのは、仁多米のおいしさの秘訣に迫ったことだ。

担当した東京農業大名誉教授の高橋悟さん（66）＝大田市大屋町＝は東京都内にある同大世田谷実験圃場と奥出雲町の追谷、福頼両地区で栽培された米の食味試験を実施。両地区の米の食味値が同大の値を大きく上回った。さらに昼夜の温度差やミネラル豊富な水、仁多牛の完熟堆肥を生かした土づくりなどがうまさの要因と実証した。

調査で奥出雲を巡った高橋さんは「棚田は全国各地にあるが、奥出雲の棚田は他地域とは全く異なる」とする。一般的な棚田は山奥でも米を作ろうと、水を落としやすい谷間に築くため「谷津田《やつだ》」と呼ばれ、日当たりが悪い。

一方、奥出雲では砂鉄採取を目的に鉄穴流しをした跡が棚田になった。浜田市生まれで日本の鉄鋼研究の基礎を築いた俵国一博士は著書「古来の砂鉄製錬法（たたら吹製鉄法）」に冬でも効率的に鉄穴流しをするため、日当たりが良く雪の影響を受けにくい南向き斜面を選ぶと記す。

鉄穴流しは丘陵の尾根上を削るため、「空田《そらだ》」と呼ばれる棚田が高い場所にでき、日当たりがよい。横田地区では、全体の3分の1以上に当たる535ヘクタールの水田が鉄穴流しで造られたという。

それらの景観に高橋さんは、奥出雲の人々が江戸時代から営々と土地の風土を考え、知恵を出してきた積み重ねを見いだす。さらに鉄穴流しの効果として、山崩れを起こす不安定な真砂土が削られたため災害が少ないと指摘。「米がおいしくて、空気も景観も良く、安心して生活できる場所として地域の魅力を発信するのが大切だ」と説く。

日刀保たたら㊤

大地の恵みが支える

鉄作りの神・金屋子《かなやご》神を祭った神棚の前で、たたら吹きの釜作りが進んでいた。練り上げた土を積み上げ、「釜がえ」と呼ばれる伝統の道具で削り、たたいて固めていくと、次第に美しい釜が立ち現れた。

２月４日早朝に訪れた島根県奥出雲町大呂の日刀保たたら。世界で唯一たたら製鉄を今に伝える。3昼夜に及ぶ操業を前にした釜作りは、厳粛な儀式のようだ。

たたらの現場に「一土、二風、三村下《むらげ》」という言葉が伝わる。村下（技師長）の木原明さん（79）に解説してもらった。

「釜に使う土は、粘りがあって、強度もないといけない。釜に開けた片側20カ所のホド（送風用の穴）から風を送る。風が止まれば、操業できない。村下は、炎や炉の状況など全体のバランスを見て鋼の出来具合を総合判断する」

真砂土と粘土を水で練った土で、元釜と呼ばれる土台部分を整え、その上に中釜、上釜を築く。長さ3メートル、幅約1メートル、高さ1・2メートル。土の厚みは上部は十数センチだが、下部ほど厚みを増し、40センチ以上に達する。

釜が現在の形と大きさになったのは18世紀ごろ。天秤鞴《てんびんふいご》（足で踏む送風機）が開発され、送風力が増し、釜はそれ以前に比べて大きくなった。風の力が、生産力を一気にアップさせた。

操業が始まると、砂鉄と炭を交互に投入する。木炭が燃え、砂鉄は土の釜の底で鉧《けら》となる。同時に、砂鉄の一部は釜の内壁の土と反応して「ノロ（鉄滓《てっさい》）」となり、下部に開けた湯路《ゆじ》からかき出す。土は、砂鉄に含まれる不純物をからめ取る重要な役割を果たす。

釜に適した土は奥出雲町内で採れる。良い土がある場所は、木原さんが師から教わった。手で握って感触を確かめ、何度も試して最適な土を見極める。

土以外の原料もほとんど町内で事足りる。木炭の原料は30～40年生の広葉樹で、日刀保たたらの敷地内の炭釜で焼く。砂鉄は日刀保に近い羽内谷《はないだに》鉱山で磁石で採取する。ホドに差し込み、風を送る木呂《きろ》は近くで採れた真竹製。木の道具はサルスベリなど握りやすい木を探し、皆で作る。高温の

（2015年2月16日付）

真砂土と粘土で練り上げた土で、釜を作り上げる木原明村下（奥左から２人目）と渡部勝彦村下（手前右から２人目）ら。厳粛な儀式のような作業を神棚に祭られた金屋子神が見守っていた＝島根県奥出雲町大呂、日刀保たたら

ノロを扱うにも木の道具がいい。燃えることもあるが、何より軽く、過酷な作業には欠かせない。

土、木や竹、そして砂鉄……。中国山地の風土が千年以上、たたらを支えてきた。それは今も変わらない。

たたらに魅せられ、日刀保たたらに3年間通い詰めた錦織良成監督（53）は今回の操業で、映画「たたら侍」（２０１７年公開予定）のシーンを撮った。「人間が生まれる前からある自然の材料を使い、いにしえから伝わる技術で作り出すたたら製鉄。理屈では説明できない、大切なものを感じる」と、人の知恵と自然が織りなす荘厳な営みに思いをはせた。

釜の下部に開けた湯路から、ノロを引き出す村下養成員。立ち上る炎とノロの放つ熱が容赦なく照りつける＝島根県奥出雲町大呂、日刀保たたら

クリック
日刀保たたら

日本刀の原料となる玉鋼の供給を目的に1977年、日本美術刀剣保存協会（日刀保）によって復元された。同年、国の選定保存技術に認定。日立金属グループの技術協力で運営している。毎年１～２月に３回操業。釜を作り、鉧を出すまでの操業を「代《よ》」と呼び、３昼夜連続で行われる。１代で砂鉄約10トン、木炭約12トンを使い、約２・５トンの鉧を製造。鉧からノロなどを取り除いたものを玉鋼と呼ぶ。

◆日刀保たたら㊥

先人の技と知恵息づく

島根県奥出雲町大呂の日刀保（日本美術刀剣保存協会）たたらでは、砂鉄と木炭を交互にくべ、燃やしていく。その工程は一見、単純な作業に見える。だが、操業中、炉内の状況は外から見えない。分析機器も用いない。どうやって日本刀の原料となる良質の玉鋼ができるのだろうか。

2月4日から4日間行われた今年3度目の操業。高殿では、木原明さん（79）、渡部勝彦さん（76）の2人の村下（技師長）が舞い上がる炎の色や高さを見据え、炉の側面に開けたホド（送風孔）を鉄製の道具で突き孔内をのぞく。「たたらは、いかに炉内を安定させるかが大切」と木原さんが説く。

玉鋼を含む鉧は炉の底にでき、炉壁の土と反応しながらゆっくり外側に向かって成長する。砂鉄と炭を投入する場所や量、送風具合を微妙に加減していく。村下は五感を研ぎ澄ませて複合的に観察し、炉内の状況を感じ取る。

炉内はいつ不安定になるか分からない。例えば、炉壁が溶けて砂鉄内の不純物をからめ取るノロ。不純物を除くため、炉外に排出するが、ノロは高温で炉内の温度を保つ役割を果たす。出し過ぎると温度が下がり支障を来す。操業の総責任者の村下は、事態を瞬時に判断し、次の手を打たなくてはいけない。

村下は炎の力を味方に付けながら、3昼夜連続で操業する体力と精神力が欠かせない。山口県宇部市出身の木原さんは高校時代、全国大会に出場するなど相撲で培った心身が、礎となっている。

木原さんの師は同町竹崎出身の安部由蔵さん（故人）。20歳前後で卜蔵家の村下となり、日刀保たたらの前身・靖国《やすくに》たたらでも村下として、戦中の操業を指揮した。木原さんは日立金属安来工場に入社。同社が日刀保たたらを支援し、1977年の日刀保の操業開始以降、木原さんは17年間、安部さんに学んだ。

操業中、炉に耳をそばだてると砂鉄が溶ける「ジジッ、ジジッ」という音が聞こえる。「シジるように吹かんといけん」「炎の色が山吹色だと炉内が安定している」。ともに安部さんの教えだ。

日刀保では現在、10人の村下養成員が研さんを重ねる。昨年、村下代行に昇格した堀尾薫さん（45）は「操業具合は常に変化し、毎回が初体験」とたたらの奥深さを挙げる。同町八川出身。「地元の人間として世界で唯一のたたらを引き継ぎたい。先人の思いを伝えていくのが使命」とし、操業の際、炭で黒くなった顔に生気がみなぎった。

「たたらには千年を超す歴史の中で培われた先人の知恵とものづくりの本質がある」と木原さんが説く。その技と心が未来へと継承されていく。

（2015年2月23日付）

たたら操業に従事する故安部由蔵さん（左）と木原明さん。木原さんは安部さんを「炉内の状況を感じ取る動物的な勘があった」と語る＝島根県奥出雲町大呂、日刀保たたら（1987年1月18日）

炉に砂鉄を投入する村下。経験と勘を武器に見えざる炉内の状況を探りつつ作業が進む＝島根県奥出雲町大呂、日刀保たたら

クリック

村下と村下養成員

日刀保たたらの操業は現在、国選定保存技術保持者の村下２人、村下養成員 10 人の態勢で行われる。養成員は、技術協力する日立金属安来工場などの社員や全国の刀鍛冶の中から選ばれ、経験や技量に応じて上級、中級、初級に区分される。このうち３人は、炭焼きや砂鉄、釜土採取など通年で操業準備に携わる常駐勤務。経験豊富な養成員は村下代行（現在２人）として現場の統括役を務める。

日刀保たたら㊦

厳か 経験と勘の作業

オレンジ色と黒の灼熱《しゃくねつ》の塊が姿を見せると、高殿内の寒気が吹き飛んだ。炎をまとい、すさまじい熱量を放つ。

2月7日夜明け前、島根県奥出雲町大呂の日刀保たたら。今期3回目で最後となる操業がクライマックスを迎えた。村下養成員らが大鉤《おおかぎ》という道具で炉の壁を壊す。鉧《けら》の誕生だ。3昼夜連続の操業を指揮した村下の木原明さん（79）と渡部勝彦さん（76）らは、やつれながらも達成感がみなぎる。

かねへんに「母」と書くのは絶妙。母親の胎内で子が育まれるのと同様に、鉧は砂鉄と炭が投入される炉内で生き物のように成長を遂げる。最初は幅が15センチ。それが3昼夜で長さ3メートル、幅1・2メートル、厚さ約50センチとなり、重さは約3トン。日本刀の原料となる良質の玉鋼を豊富に含む。

西洋式の製鉄は、鉄鉱石を原料に溶鉱炉でいったん銑鉄をつくった後に、転炉に移して2次製錬し鋼に変える。間接製鋼と呼ばれる。これに対し、たたらは一度で鋼ができる直接製鋼だ。木原さんは「たたらの炉の上段と中段が溶鉱炉、下段が転炉に当たる。先人たちが創意工夫してつくりだした高度な技。世界で唯一、ここしかない」と説く。

「まるで神事のような厳かな雰囲気。作業する人たちが神様の前で勝負している感じがした」。操業を見学した富士通ネットワークビジネス戦略室のシニアマネージャー関口隆さん（45）が、ほとんど機械を使わず、経験や勘を武器に挑む光景に目を見張った。

環境省地球温暖化対策課調整第一係長の大野皓史さん（30）は「奥出雲で企業研修を盛んに行い、たたらの体験操業を通してものづくりの原点を学ぶと良いのでは」と話した。

日刀保たたらは一般には非公開。関口さんや大野さんら東京の企業や官庁から集まった12人は、ＮＰＯ法人ものづくり生命文明機構が主催す

鉧から取り出された玉鋼。刀匠の技によって美しい日本刀に鍛えられる

（2015年3月2日付）

炉壁が壊され、姿を現した鉧。すさまじい熱を放ち、立ち会った人たちを圧倒する＝島根県奥出雲町大呂、日刀保たたら

る「ものづくりの心塾」のメンバーとして特別に許可を受け、立ち会った。ものづくりの神髄を感じることができるたたら操業には日本を代表する製造業の技術者や役員、研究者も熱い視線を注ぐ。

奥出雲の大地から授かった砂鉄と土、木や竹の恵みが人の技と融合し、日本古来、独自のたたらの炎が今も息づく。その周辺には砂鉄を得る鉄穴流しによって造られた棚田が連なり、仁多米を育む。日刀保たたらを核とする「奥出雲のたたら製鉄と棚田の文化的景観」は産業と歴史、環境、景観といったつながりを示す優れた地域資源。日刀保たたらという点に注がれる熱い視線を面的に広げていくことが、交流人口の拡大や教育といった多様な地域の活性化につながる。

３昼夜の操業を成功裏に終えた木原明村下（前列左から２人目）と渡部勝彦村下（前列右から２人目）ら＝島根県奥出雲町大呂、日刀保たたら

◆角炉

終戦で炉の火落とす

１９４５年８月15日。日本が敗北し、太平洋戦争の終結を告げる昭和天皇の玉音放送が流れた歴史的な日をめぐり、櫻井三郎右衛門さん（91）＝島根県奥出雲町上阿井＝の記憶は鮮明だ。

江戸時代に松江藩の鉄師《てっし》を務めた櫻井家は当時、たたら技術を生かした角炉を操業する櫻井製鉄所を運営していた。製鉄所次長だった櫻井さんは自宅近くにある槙原角炉の事務所でラジオ放送を聴いた。

「戦争は大変だったが、簡単には負けないだろうと思っていた。鉄を造ることが、戦争を遂行するための重要な仕事という認識が強く誇りだった」。そんな思いが打ち砕かれた。「もう軍需産業の鉄は必要ないだろう」。角炉の送風を止め、約３００年に及ぶ櫻井家の製鉄の火を落とした。

櫻井家は１９０７年、奥出雲で最初に角炉を導入し、槙原たたらの高殿内に築いた。35年には隣接地に槙原角炉を設け終戦まで操業した。山陰両県では奥出雲町の絲原家と鳥上木炭銑工場（現日立金属安来製作所鳥上木炭銑工場）、鳥取県日野町の近藤家も角炉を持っていた。現在はたたら角炉伝承館となっている槙原角炉と同鳥上木炭銑工場の２カ所に往時の姿が保存されている。

「角炉はたたらを近代化した画期的な施設だった」。奥出雲町大呂の日刀保たたらの村下（技師長）を担う木原明さん（79）が説く。

角炉は砂鉄と木炭を原料に純度の高い銑鉄を造るたたらを発展させ、広島県の官営広島鉄山で開発された。

たたらは操業ごとに炉を築いては壊すが、角炉は耐火れんがで炉を造り、連続操業を可能にした。生産量は大幅に増え、品質も洋式技術を上回った。銑鉄はリンなど不純物が少なく、粘り強くさびにくい。これを用いた工具や刃物は長持ちした。

日刀保たたらに隣接する日立金属安来製作所鳥上木炭銑工場には34年築造の角炉と、52年に技術改良した新型角炉がある。ともに国の登録有形文化財だ。ヤスキハガネの原料鉄を供給するため戦後も稼働。日立金属安来工場に入った木原さんは57年から角炉の操業に携わった。

だが、大量の木炭が得られなくなる一方、安来工場で新たな製錬技術が開発されたため、鳥上木炭銑工場は使命を終えた。65年８月５日に火を消し施設は閉鎖。木原さんは「角炉に執着と愛着があっただけにとても残念だった」と振り返る。

この日、たたらとその系譜を引く国内唯一の炎がいったん途切れた。現在残る槙原と鳥上の角炉は、たたらが最後の輝きを放った当時を伝える貴重な産業遺産だ。

昭和10年代の槙原角炉（櫻井家提供）

槙原角炉の操業を終わらせた終戦の日の様子を語る櫻井三郎右衛門さん

（2015年3月9日付）

たたら角炉伝承館として修復された槙原角炉。れんが積みの高さは 10.3 メートル。太平洋戦争中の 1942 年 4 月から 11 月までの 8 カ月間で、813 トンの木炭銑鉄を生産した＝島根県奥出雲町上阿井

◆三沢の鉄穴流し

先人の営みが誇り育む

「鉄山智栄居士」。島根県奥出雲町鴨倉の木々に囲まれた峠の片隅に４人の戒名が刻まれた地蔵がある。山を切り崩し土砂を水路に流してたたら製鉄の原料となる砂鉄を得る鉄穴《かんな》流し。４人は危険と隣り合わせの鉄穴流しの最中、命を落とし、地元住民が仲間を弔うために地蔵を立てた。

鴨倉を含む三沢《みざわ》地区は奥出雲の中でも土中の砂鉄含有率が３〜７％と高い。鉄穴流しが法律で禁止される１９７２年まで行われた。優れた品質の砂鉄は、角炉を備えた同町の櫻井製鉄所や鳥上木炭銑工場での銑鉄づくりに欠かせなかった。

友塚喜男さん（89）＝同町鴨倉＝は昭和30年代の冬、仲間が「鉄穴にうたれた」記憶が忘れられない。作業中に数人が目の前で土砂の下敷きになった。「今助けてやる」。男たちが無我夢中で土を掘ったが、１人が犠牲になった。急斜面の下で男たちが列をなし、山肌を崩す鉄穴流し。友塚さんは「場所ごとに土質が違い、大量の土砂がいつ崩れるか予測が難しかった」と話す。仲間の殉職は2度におよび地蔵に戒名を刻んだ。

寒波の中でも営まれたつらい作業だけに、仲間との酒はつきもの。犠牲者が出た時は、皆で飲む「まんなおし」をして、仕事を再開した。鉄穴流しに従事した鉄穴師集団は、家族や親戚が中心で、代表者の名前から「益太郎鉄穴」「達造鉄穴」などと呼ばれた。運命共同体として、絆はとりわけ固かった。

峠の地蔵には、かつて仕事をともにした三沢の住民や親族たちが手を合わせてきたものの、近年、高齢化に伴い、殉職者を悼む光景も減っていた。

しかし、奥出雲町の「たたら製鉄と棚田の文化的景観」が中国地方で初めて、国の重要文化的景観に選定されたことに伴い、三沢地区でも住民が鉄穴流しの歴史を掘り起こす取り組みを始めた。

かつて砂鉄採取に従事した経験者や郷土史家らが２０１４年秋に「三沢鉄穴流し研究会」（大坂茂会長）を結成。鉄穴流しの操業風景などを写した貴重な古写真を収集し、昔の話を記録し始めた。

三沢公民館で2月15日にあった、島根大生のたたら調査の報告会に合わせて披露し、90人の住民が集まり、熱心に見入った。

三沢地区には実際に鉄穴流しを体験した住民らが今も30人近く健在。その証言と記録は、かつて中国山地のあちこちで盛んに行われた営みを知る

（2015年3月16日付）

かつて鉄穴流しが営まれた峠の一角にたたずむ三沢地区の殉職者を弔う地蔵＝島根県奥出雲町鴨倉

上でも大切だ。

研究会事務局を担う田部英年さん（74）＝同町三沢＝は「経験者が心にしまっていた思い出を語り、住民の関心が高まってきた」と手応えを挙げる。風化しようとしていた記憶は、古里の歴史と先人の営みを学ぶことで地域の誇りを育み始めている。

戦後まもないころ、三沢地区で鉄穴流しに従事した人たち。集落の女性も砂鉄を背負い山の下へ運んだ（田部光吉さん提供）

◆菅谷たたら

現存高殿　未来に伝承

春の日差しを浴びて、こけら葺《ぶ》きの屋根が美しく輝く。中に足を踏み入れると、築かれた炉が、村下を中心に鉄づくりに励んだ人々の姿をほうふつさせる。

雲南市吉田町吉田にある菅谷《すがや》たたらの高殿は1967年、国の重要有形民俗文化財に指定され、昨年11月に改修工事が完成した。全国で唯一現存するたたら製鉄の高殿の周囲には、たたらに従事した人々が住んだ山内集落が残り、今も子孫が暮らしている。

「田部家の土蔵群が吉田の顔とすれば、菅谷たたらは心臓部」と誇らしく語るのは高殿の施設長を務める朝日光男さん（68）。山内がある地区で生まれ育った。代々、菅谷で使われた炭を焼き、自らも営んだ最後の山子《やまこ》（炭焼き）だ。

江戸時代、松江藩の鉄師を担った田部家の遠祖は紀州熊野の豪族・田辺入道安西。初代の彦左右衛門が室町時代から、川筋の砂鉄を求めて吉田で鉄づくりを始めたとされる。田部家の一大拠点である菅谷たたらは、操業がなかった時期を挟み1751年から1921年までの129年間にわたりたたらの火が燃えさかった。今の建物は1850年の火災後、再建された。

当地で造られた鉄は主に大阪に運んで売られ、各地に流通した。田部家は鉄泉丸、天祐丸といった千石船4隻を持ち、安来港などから船出。佐渡の相川にも鉄を納め、金銀山の採掘に使われた様子が文書からうかがえる。

菅谷たたらの高殿が奇跡的に残ったのは、田部家の炭倉庫として使われていたことと、民俗学者・石塚尊俊さんの功績が大きい。菅谷の価値を見いだした石塚さんは、島根県教育委員会文化財係長時代に国の文化財指定に尽力。最後の村下・堀江要四郎さんに聞き取りをしている。

石塚さんの著書『鑪《たたら》と鍛冶《かじ》』を読み、高殿に引かれて1975年1月に吉田を訪れたのが作家の司馬遼太郎さんだ。その際、司馬さんら一行を、島根県知事を務めた第23代田部長右衛門さんが案内した。

司馬さんは著書『街道をゆく　砂鉄のみち』にたたらにまつわる田部さんの言葉を記している。

「タタラの技術者は渡り者が多く、なかには兇状持ちもおりまして、なにしろそれを使いこなすのですから」「タタラはアラシゴトでしたよ。だからぼくなんぞは、山賊の親玉のようなもんで」

菅谷たたらには今も全国各地から見学者が訪れ、朝日さんの解説に耳を傾ける。そこでは本物のみが備える存在感が、地域の暮らしと社会の発展を支えた鉄の役割と、造る苦労を未来に伝える。

菅谷たたら山内の高殿の外観。昨年11月に2年間に及ぶ保存修理工事を終え、クリ材の板13万5千枚を使った屋根など往時の姿が復元された＝雲南市吉田町吉田

（2015年3月30日付）

菅谷たたらの高殿。田部家が雲南市に寄付して改修工事が行われた。火災を避けようとした建物の高さが際立つ＝雲南市吉田町吉田

◆木次線

鉄路に託した地域の未来

雪の残る船通山（1142メートル）を島根県奥出雲町横田、JR木次線の出雲横田駅から望む。足元にはツクシがひょっこり顔を出している。3月下旬、中国山地に春が来た。

鳥取との県境にそびえる船通山はヤマタノオロチを退治したスサノオノミコトの伝説が残る。この山を源流とする斐伊川流域を巡る鉄路が、宍道（松江市）―備後落合（広島県庄原市）間を結ぶ木次線だ。

明治末期、近代製鉄の登場で中国山地のたたら製鉄が衰退期に入ると、人々はたたら操業に使っていた木炭の外部への販売に活路を求めた。木次線整備の主な目的は販売用木炭の運搬で、推進したのは松江藩の三大鉄師の一つ、絲原《いとはら》家（奥出雲町大谷）の13代当主武太郎《ぶたろう》（1879～1966年）だった。

家伝によると、絲原家の先祖は戦国武将・山中鹿介で、初代善左衛門が1624年に広島から移住。本宅を製鉄炉のすぐ近くに備え、多くの職人や家族も同じ集落に住む「職住一体」を伝統とした。

武太郎は鉄道建設を促進するため、最初に民間から出資を募り、一部区間を整備した。1914年に簸上鉄道の社長に就き、宍道―木次（雲南市）間の整備に着手。16年に開通した線路は、レール幅の狭い軽便鉄道として認可を受けたのにもかかわらず、国鉄と同一の幅だった。木次以南の建設を国に求めていた武太郎のアイデアだった。

その後、武太郎の運動が実り、32年に国の事業で木次―出雲三成（奥出雲町）間が開通。34年には簸上鉄道が国鉄に譲渡され、37年に備後落合まで全線開通した。

絲原家がたたらから完全に撤退したのは、木次線建設途上の23年だった。生前の武太郎を知る孫の絲原安博・絲原記念館学芸専門員（64）＝2015年7月死去＝は、自らも私財を投じてまで武太郎が鉄道建設を進めたのは、たたらで生計を立ててきた多くの人々の雇用を守る「義務感からだった」と話す。「皆で糊口をしのぐには『ポストたたら』が必要だった。それが木炭」と指摘する。

鉄道延伸で出荷量が増えた木炭生産は、島根の主要産業になり、戦後も地元経済を支えた。60年の島根県の生産量は7万8千トンで岩手、高知に次ぐ全国3位。絲原家も首都圏に支店を置き、事業を展開した。

恩恵は沿線全体に及んだ。雲南市大東町下久野の落合哲夫さん（90）は、山で炭を焼き、近くの下久野駅で木炭やコメを貨車に積む作業に汗を流した。「鉄道と駅があるから仕事があり、人が住み、文化も伝わった。木次線は最高ですよ」

武太郎が鉄路に託した思いは、沿線の人々の心に今も刻まれている。

ＪＲ木次線を望む奥出雲町立八川町民運動場に立つ絲原武太郎像。像の前では隣接する八川小学校の子どもたちが元気に遊んでいた＝島根県奥出雲町下横田

木次線路線図

（2015年4月6日付）

残雪を頂く船通山を背に出発を待つＪＲ木次線の宍道行き列車＝島根県奥出雲町横田、ＪＲ出雲横田駅

◆岩浪

不昧に粋なもてなし

こけむし、ゴツゴツした岩肌を幾筋もの清冽《せいれつ》な水流が落ちる。その音に聴き入ると、心が澄み安らいでいく。江戸時代、松江藩の鉄師頭取を務め、鉄づくりを取り仕切った櫻井家の住宅（島根県奥出雲町上阿井、国指定重要文化財）。その庭を彩り、個性的な美を際立たせるのが「岩浪《がんろう》」の滝だ。しかし、この滝がもてなしの心で造られた人工の滝と知る人は少ない。

大名茶人として名高い松江藩主・松平治郷（不昧）が初めて櫻井家を訪れると聞き、6代当主の苗清《なえきよ》が1803年、滝を中心とする庭園と屋敷に「上の間」を造った。殿様を歓迎するためとは言え、滝までもしつらえる発想は豪放かつ風流だ。大いに喜んだ不昧が滝を「岩浪」と名付けた書が同家に伝わる。滝は高さ約15メートル。1キロ上流の内谷川から水を引き、岩の上から落としている。

「水路を掘って導水するのは、砂鉄を採る鉄穴流しをしていたのでお手の物。苗清は田部家から養子に入った文人だった。来訪を機に不昧から茶の手ほどきを受けた」と、13代当主の櫻井三郎右衛門さん（92）に教わった。

櫻井家は静岡県掛川市を本拠地に、大坂の陣で真田幸村らとともに豊臣方として戦った戦国武将・塙団右衛門《ばんだんえもん》の子孫。団右衛門の娘が東北の雄・伊達政宗の側室に迎えられた関係で伊達家と交流があった。一方、不昧の正室も仙台伊達藩主の娘で縁がつながる。

庭には藩主がくぐった御成門や御駕《おかご》石が現存。ソメイヨシノの桜色とトガの木の緑が鮮やかなコントラストを成す。「上の間」には、不昧お抱えの名工・小林如泥が腕を振るった欄間がある。縁側は上下2段の貴人廊下で、上を殿様が、下を家臣が歩いた。部屋の脇には茶室の瑞泉洞が設けられている。

ぜいを尽くした「上の間」や庭園は、松江藩と鉄師たちの強い結び付きをうかがわせる。松江藩は1726年に「鉄方法式」の政策を導入。鉄師9家だけにたたら操業を認め、保護を受けた鉄師は藩に前納銀を上納した。

たたら製鉄が出雲国を代表する産業に成長して、松江藩の重要な財源となり、製品が各地で重宝されたことを象徴する資料が「雲陽国益鑑《かがみ》」。他国から国益（現金収入）をもたらした産業をランク付けした番付リストで、西方筆頭の大関が「鉄山鑪《たたら》」だ。

松江市史編纂委員の乾隆明さん（66）は「藩政改革を成功させ、幕末の知識人に日本一の富裕藩と認識された松江藩の原動力がたたら製鉄。櫻井家住宅は基幹産業がもたらした富や文化を象徴する」と位置付ける。

（2015年4月13日付）

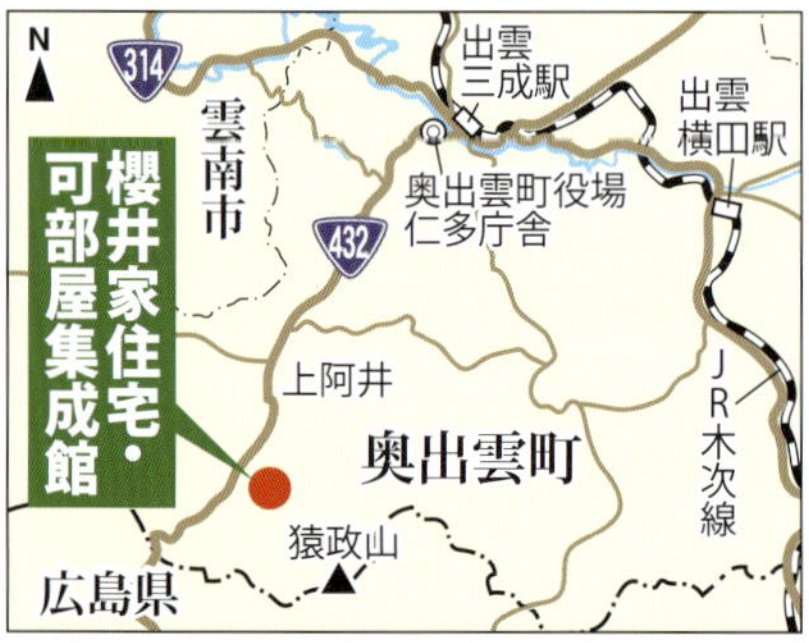

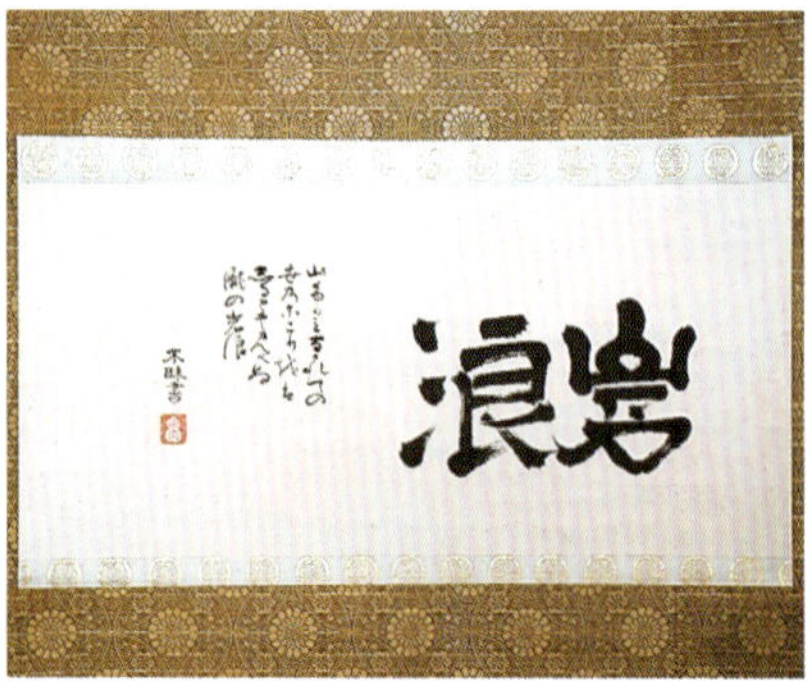

滝をめでた松平不昧が名付けた「岩浪」の書。今も櫻井家に伝わる

「上の間」と窓から見える庭園。部屋の縁は上下2段に造られている＝島根県奥出雲町上阿井

松江藩主がくぐった御成門越しに見た岩浪の滝。櫻井家住宅を代表する文化的景観となっている＝島根県奥出雲町上阿井

◆和牛

鉄師が品種改良主導

中国山地の島根県仁多郡と鳥取県日野郡、旧広島県比婆郡に旧岡山県阿哲郡。斐伊川と高梁川を結ぶ線の上流域は、たたら製鉄の古里であるとともに和牛のまほろばだった。しかも、たたらと和牛は強く結ばれていた。

「たたら製鉄の原料となる砂鉄や炭を運び、できた鉄を峠を越え安来の港に出すのに、牛馬は欠かせなかった。砂鉄を採る鉄穴流しでできた棚田を耕すのにも牛を活用した」。仁多郡和牛育種組合長と奥出雲町和牛改良組合長を担う福本修さん(81)=奥出雲町大呂=が双方のつながりを語る。

福本さんの祖父は江戸時代、松江藩の鉄師を務めた卜蔵《ぼくら》家出入りの博労《ばくろう》(牛馬商)だった。卜蔵家は幕末から明治初期、百頭以上の牛馬を所有。9割が牛で、牛番頭が管理した。子牛は船通山で放牧され、足腰や骨格が丈夫になり、穏やかな気質に育った。

田部、絲原、櫻井といった鉄師も大量の牛馬を保有していたが、中でも卜蔵家が注目されるのは、奥出雲で最初に品種改良に成功したためだ。阿哲郡から通常の数十倍の値で雌牛を購入。安政年間(1854～58年)に、大きく丈夫な体形の牛を得て、運搬などの能率が上がった。これが「卜蔵蔓《つる》」と呼ばれる優良な血統牛の祖となり、優れた牛が数多く生まれた。後に種雄牛として名声を得た「第7糸桜号」もこの血筋だ。

屋敷跡から見える船通山(後方右側の尾根)を借景に築かれた卜蔵家庭園
=島根県奥出雲町竹崎

卜蔵家は河内の武将・楠木正成の弟・正氏と伯耆の名和長年の弟の娘との間にできた勝太郎が初代。奥出雲町竹崎を本拠地に原たたらを操業した。同所には江戸初期に造られた卜蔵家庭園が残る。同家の子孫の田辺百合栄さん(69)から「山中鹿介からこの地を拝領し、鉄づくりを始めた」との言い伝えを教わった。

中国山地の和牛と農村社会を研究する島根大法文学部の板垣貴志准教授(36)=出雲市出身=は「中国山地では日本で最も高度な和牛生産が行われた。品種改良はメンデルの法則の発見より早く、欧州と同時期で世界史的に見ても先駆的な実践だった」と位置付ける。

「農宝」とたたえられた和牛は、蓄財手段や金融商品になった。良い牛を生み出せば高く売れる。農家は生活の安定を目指して品種改良に努めた。鉄師たちは所有する牛を農耕のため、零細農家に貸し付けるのが習わしだった。板垣さんはこれが「相互扶助機能を果たし、農村社会の調和と共存に役立った」と強調。特にたたら製鉄の衰退後は、貸し付け慣行が急激に拡大し地域経済を補ったとみる。

福本さんは「たたらがあったからこそ、棚田や和牛という先祖からの遺産がある。恵まれた地を次代につなげたい」と未来を見据える。

卜蔵家の和牛改良で生まれ、「第7糸桜号」の祖となった卜蔵蔓
(福本修さん提供)

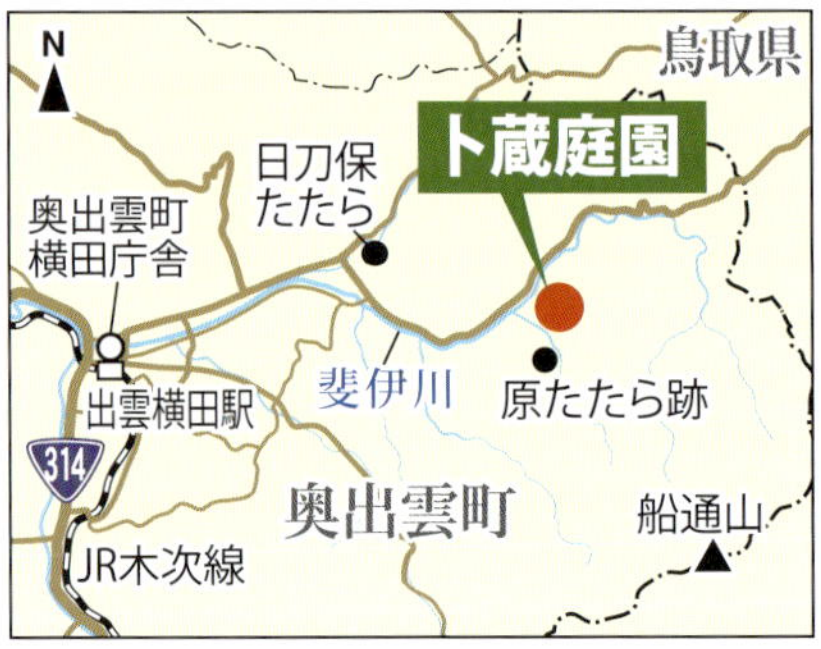

(2015年4月20日付)

奥出雲町きっての和牛産地として知られる鳥上地区。鉄穴流しで造られた田んぼでは、春の青空が広がる中、農家が出産を間近に控えた雌牛の「ならし運動」をしていた＝島根県奥出雲町大呂

◆海と山のたたら

田儀の歴史 住民がつなぐ

松江藩の鉄師で、出雲市多伎町田儀でたたらを営んだ田儀櫻井家は、江戸時代末期の鉄の生産量が田部家（雲南市吉田町）に次いだとの記録が残る。隆盛を支えたのが、明治初期まで１５０年操業した越堂《こえどう》たたら（出雲市多伎町口田儀）だ。

現在も発掘調査が続き、製鉄炉直下に炭を敷いた本床《ほんどこ》や小舟《こぶね》など、湿気を防ぐための地下構造が確認される。

「田儀櫻井家の『海のたたら』の拠点です」。発掘を担う出雲市文化財課の幡中光輔主事は指摘する。

出雲地域では多くが木炭を調達しやすい山中に設ける「山のたたら」だが、越堂は田儀浦を拠点に海運で成り立った。砂鉄は鳥取県西部、木炭は島根半島や隠岐から船で運んだ。製品の銑《ずく》も港から大阪や北陸へ運んだ。

越堂の発掘は２００６年に始まった。場所の特定には１９６１年発行の田儀村史に掲載された制作者不明の図面が役立った。詳細な記載に沿って、国道９号に隣接した民家の庭を掘ると本床が現れた。発掘を担当した出雲市文化財課の石原聡主任は「図面とぴったりで、本当に驚いた」と振り返る。

越堂たたらは２００９年、先に指定された他の遺跡と共に国史跡になった。

田儀櫻井家のもう一つの中核は、本宅と大鍛冶場があった奥田儀の宮本集落。島根県奥出雲町上阿井の櫻井家から分家し、江戸時代初期に奥田儀村に進出。田儀や佐田のたたらから銑鉄を集め、宮本の大鍛冶場で割鉄に加工、出荷した。集落には平地がほとんどないが、１８７２年には７００人が暮らしたとの記録が残る。

ところが、82年に本宅を含む70戸が火災で全焼。櫻井家は90年にたたらを廃業し、宮本を去った。集落に残った住民は炭焼きや養蚕で生計を立てたが、次第に減少し、１９９５年にはついに無住となった。

集落に残る金屋子神社や、本宅裏の高さ15メートルの石垣などを守るのは、93年に元住民や田儀の歴史ファンらで結成した宮本史跡保存会だ。歴史を学び、草を刈り、合併前の旧多伎町に、集落にある寺院・智光院などの修復を働き駆けた。この熱意が町や国を動かし、後の国史跡指定へつな

（2015年4月27日付）

田儀櫻井家の本宅跡を調査する田中正実会長（左）ら「田儀櫻井家たたら製鉄遺跡保存会」のメンバー。残された高さ 15 メートルの石垣が威容をさらけ出していた＝出雲市多伎町奥田儀

がった。

現在は「田儀櫻井家たたら製鉄遺跡保存会」（107人）が活動を引き継ぐ。田中正実会長（82）は「放っておけば歴史は埋もれる。地域の立派な宝を大事に守り、後世に伝えるのが私たちの願い」と話す。

保存会が尽力し、94年に復活した金屋子神社の祭りが、今年も5月5日に開かれる。メンバーは祭りに備えて草刈りや掃除を行い、境内に多くの人々が集うのを楽しみにしている。

田儀櫻井家の「海のたたら」の拠点となった越堂たたら遺跡。泥が横長に黒ずんでいる所が製鉄炉が置かれていた本床。後方は国道９号＝出雲市多伎町口田儀

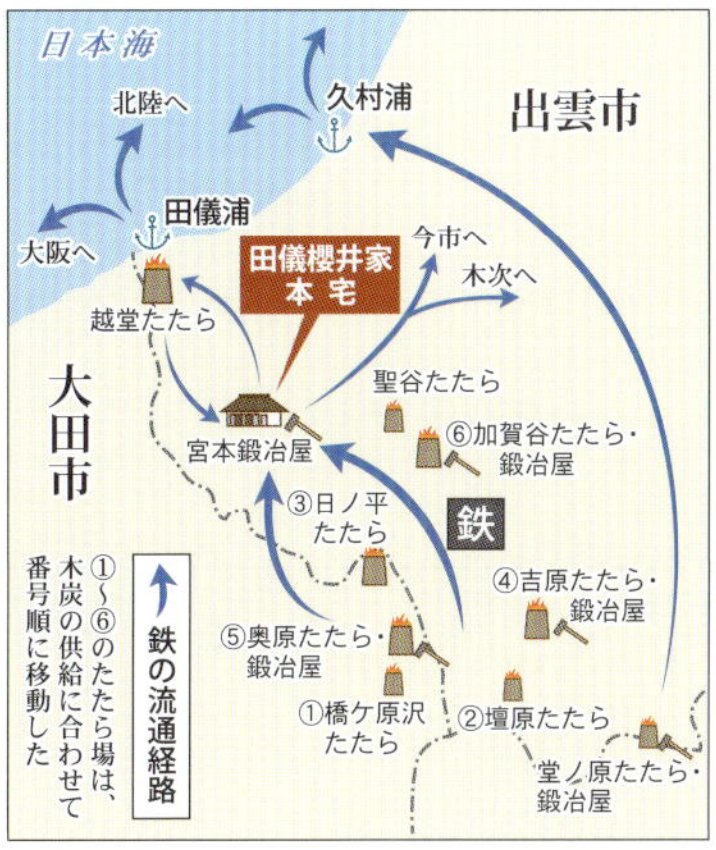

金屋子神社(上)

安全祈りはだし参り

4月21日午前6時。世界で唯一たたら製鉄を操業する島根県奥出雲町大呂の「日刀保たたら」から35人がはだしで歩き出した。製鉄の安全操業を祈る「はだし参り」の一行だ。目指すは峠を越えた10キロ先。製鉄の神、金屋子《かなやご》神を祭る安来市広瀬町西比田の金屋子神社だ。毎年春秋の例大祭に合わせて往復する。

同たたらの村下《むらげ》木原明さん(79)の呼び掛けで20年続く恒例行事。当初は同たたらの関係者が多かったが、今は日立金属安来工場(安来市)の幹部や和鋼博物館(同)の職員、木原さんの指導を受けて中国地方でたたら体験を行う団体などから、鉄の文化と技術を守る人々が集まる。

国営備北丘陵公園(広島県庄原市)の奥井智裕管理センター長(51)は、毎年5月に行う「古代たたら鉄づくり体験」の成功を祈るため、職員3人と参加した。

道中、岡山県新見市から参加した「備中国新見庄たたら研究会」の藤井勲会長(61)と意見を交わした。「たたらを若者に伝えるには」「市民をどう巻き込むか」――。奥井さんは「交流が広がり、勉強になる」と話した。

木原村下の母校・宇部工業高校(山口県宇部市)からは伊藤一教諭(42)らが駆け付けた。同校は2年前からたたらを授業に取り入れた。一昼夜の体験で「子どものもの作りに対する姿勢が変わった」と話す。今春、体験した生徒の1人が日立金属安来工場に就職した。

安部正哉宮司(91)によると、明治時代まで各地の村下らが同神社にはだしで参り、境内にあった籠殿《こもりでん》で身を清め、良鉄の生産を祈った。当時の宮司は、金屋子神を信仰する各地のたたらを巡った。安部宮司は「技術的な情報を一番持ち、(良鉄をもたらす)神業《かみわざ》を授ける存在だった」とみる。

砂鉄、木炭、釜土という自然の恵みから紡ぎ出すたたら製鉄は、今も未解明の部分が残る神秘の技術。江津市桜江町出身の民俗学者で、たたらを訪ね歩いた牛尾三千夫(1907~86年)は、金屋子信仰が浸透した背景を「鈩《たたら》が永代鈩になって、その規模が大がかりになったために、失敗すればその損失もまた大きかった」(続美しい村「菅谷鈩と金屋子神」)と論考した。

責任者の村下は、重圧を克服するため、はだし参りをして、願を掛けた。境内では今以上に人々が集い、鉄作りについて意見を交わしたかもしれない。

往路を歩ききった参加者は、拝殿でお札を安部宮司から受け取り、それぞれの〃たたら場〃へと向かった。

全国の製鉄関係者から信仰を集める金屋子神社の拝殿=安来市広瀬町西比田

(2015年5月4日付)

たたら操業の無事と良鉄生産を念じ、はだしで歩を進める参加者＝島根県奥出雲町大呂

金屋子神社（下）

石見にも信仰の広がり

江の川河口から5キロ上流にある江津市松川町太田地区。国道261号から50メートルほど急斜面を登ると、石垣に囲われた場所に高さ1・3メートルの祠《ほこら》が静かに鎮座していた。石柱には「金鑄兒《かないご》太明神」の文字。江戸時代に銑鉄を盛んに生産した桜谷たたらの金屋子神社だ。祠の側面には石田春律《はるのり》（1758～1826年）の名が彫られていた。

たたら製鉄は出雲国だけでなく、石見国でも盛んだった。鉄師だった石田家は江戸時代、江の川沿いで砂鉄や製品の銑鉄を取り扱う水運で繁栄した。

娘婿で、4年前から同家を守る安楽兼英さん（67）は「1645年に江津市波積の石田家から分家してたたらを営み、5代目の春律の時代が最も栄えたそうです」と話した。春律は石見の地誌「石見八重葎《やえむぐら》」、金屋子伝承を描いた「金屋子縁起抄」を著した知識人でもあった。

石見のたたらの隆盛ぶりは、金屋子信仰の広がりからも見て取れる。島根大法文学部の山﨑亮教授（宗教学）によると、金屋子神の総本社で、安来市広瀬町西比田の金屋子神社に残る1807年の勧進帳には、島根、鳥取、広島、岡山、兵庫5県にまたがる約200カ所のたたらや鍛冶場から神社へ寄付が届いた。島根では出雲の山間部はもちろん、江の川河口部や中流域からも寄せられた。たたら場で金屋子神が特に崇敬されたのは17世紀以降とされる。1784年に書かれた「鉄山秘書」によると、金屋子神はシラサギに乗って西比田の山林のカツラに降り立ち、たたらの技術を伝授した。

一方、春律が1825年に著した金屋子縁起抄は、金屋子神が西比田より先に石見に降り立ち、桜谷たたらを創設した後、上流の邑智郡に技術を伝えたとする。

山﨑教授も、広島県北広島町の神職が16世紀に記した文書に「かないこ神」の呼称と、「鉄山秘書」の記述とは異なる、西比田の金屋子伝承の原型と受け取れる記述を確認している。金屋子の縁起類は17世紀以降に成立したと考えてきたが、「金屋子信仰の研究に新たな方向性を開くかもしれない」と話す。

（2015年5月11日付）

桜谷たたら跡の後背地にたたずむ金屋子神の祠。金屋子神に関する文献を残した石田春律の名が刻まれている＝江津市松川町

島根県邑智郡や広島県北部のたたら遺跡では、16世紀の段階で先進的な地下構造が確認されている。考古学の研究者は、石見や広島側の技術が江戸時代の出雲国に広がったとみる。

今も神秘のベールに包まれている金屋子信仰は、石見や広島のたたらとの関わりの中で、少しずつ明らかになり始めている。

金屋子神がシラサギに乗って降り立ったとの伝承が残る金屋子神社奥宮。横には伝承に登場するカツラの木がそびえる＝安来市広瀬町西比田

1807年のたたらと鍛冶の分布図

（金屋子神社勧進帳より、島根県立古代出雲歴史博物館まとめ）

◆都川の棚田

石垣に鉄穴流し技術応用

自然石を組み上げた美しい石垣が、新緑の谷に映える。あぜのカーブに沿って植えられた苗が描く曲線が美しい。5月初めの浜田市旭町都川。川の最上流にある棚田で田植えが始まった。

都川地区の6・4ヘクタール、200枚の棚田は、全国棚田百選の一つ。中でも、藤沢守さん(80)が所有する1・2ヘクタールは、屋号から「熊ケ谷棚田」と呼ばれ、石垣の高さに定評がある。

大小の自然石ががっちりかみ合い、高さは4メートルに達する場所もある。石垣のカーブは、下段の田んぼの日光を遮らない工夫とみられる。

子どものころから石垣の草取りが藤沢さんの日課だった。「祖父や父から草の根が残らんように、草取りをしっかりしろと言われて育った」と笑う。イタドリなど根が深い植物が残ると、石垣は内側から崩れる。

石垣はいかに造られたか。地元の歴史に詳しい都川公民館の白川英隆館長(70)は「都川は良質の砂鉄が取れ、山を崩して砂鉄を取り出す鉄穴流しが行われてきた。その技術が生かされているのは間違いない」と解説する。熊ケ谷棚田のすぐ上流には、明治時代初期に藤沢家も経営に携わった政ケ谷《まさがたに》たたら跡があり、金屋子神ゆかりのカツラの大木もある。

都川は全体が谷になっていて平地が少ない。山を掘り返すと岩が多く、大きな岩盤も顔をのぞかせる。

悪条件の中で新田を造るため、江戸中期以降、都川の農民は石組みの技術を習得した。白川館長は「広島から来た職人の技術を身に付けたのではないか」とみる。藤沢さんの記憶では、泥落としなど酒の席で、農家の男は牛の評判か、石の組み方ばかり話していた。

都川の石垣は、自然石を横に寝かせて重ねる「穴太《あのう》積み」工法を採用。割石を積む「間知《けんち》積み」に比べて石垣に奥行きがあって安定するので、高さにも対応できる。石垣を組んだ後、山の土を水の勢いで田んぼに流す「洗い込み」という、鉄穴流しと同様の技術を用いたとみられる。

熊ケ谷棚田は、水害で田の土が濁流に洗い流されても石垣は崩れなかった。藤沢さんは「石と石がしっかり絡み合い、何百年でも持つのが都川の

(2015年5月18日付)

鉄穴流しの技術を応用して造られたとされる都川の棚田。強固な石積みに囲まれた田んぼでは、田植え作業が続いていた＝浜田市旭町都川

石垣。皆で一緒に田植えをしたり、石組みを手伝ったりして、皆で守ってきた」と話す。

石垣をいつ、だれが造ったか、確かな記録はない。ただ名も残らぬ農民が、暮らしを支えるために一つずつ積み上げた石垣が、都川の歴史を今に伝えている。

金屋子信仰の広がりは、島根県西部にも、たたら製鉄が幅広く浸透していたことを物語る。カメラは今回から出雲国を飛び出し、石見をはじめ、周辺国に残るたたらの足跡を追い掛ける。

政ケ谷たたら跡のそばでは、金屋子神ゆかりのカツラの大木がそびえる＝浜田市旭町都川（魚眼レンズ使用）

◆井野の棚田

鉄穴流しが生んだ1千枚

千枚田を抜ける優しい風が頬をなでる。汗ばむほどの陽気となった5月中旬の夕暮れ時、日本海を望む浜田市三隅町井野地区の棚田を訪れた。

同地区は江戸時代、津和野藩と浜田藩の領地があり、境界線となっていたのが折居川だった。各集落は三浦家の本家、分家がそれぞれ庄屋を務めた。

田んぼの適地が少ない山あいでも、他の中国山地のたたら場と同様、良質の砂鉄が採れ、鉄穴流しの跡は、農地となった。地区内では、少なくとも三浦姓の庄屋3軒がたたらを経営。江戸後期に砂鉄の品質を格付けした広島県の鉄師・佐々木家の文書には「一番諸谷《もろだに》　二番野地《のじ》」と、井野地区内の集落が良質の産地として上位に挙がる。

28ヘクタールの急傾斜に1千枚以上の田がひしめき、日本の棚田百選に認定されている地区内の室谷棚田も、たたら製鉄がもたらした景観だ。上室谷集落の農業石原務さん（74）方の裏山では、かつて鉄穴流しをした水路が雑木に埋まっている。

砂鉄は地元で製錬されるだけでなく、各地のたたら場にも運ばれた。広島県北部のほか、世界文化遺産候補の「明治日本の産業革命遺産」の一つ、大板山たたら（山口県萩市）でも使用された記録が残る。「井野は良質の砂鉄が採れることで有名だった」と語る石原さんは誇らしげだ。

鉄師の中には、回船業を手掛ける者もいた。上室谷集落の三浦家に残る江戸後期の文書は、たたらから産出した鉄を、遠くは山形県酒田市まで運んだと記す。第10代当主の三浦和成さん（64）は「農地が狭いので、リスクを背負って手広く事業をしないといけなかったのでしょう」と推し量る。

井野のたたらは、明治時代に次々と消滅した。地区内の下今明《しもいまあけ》集落には鉄師の一族を祭る墓石とともに、高さ31メートルのモミの巨木が2本残る。

（2015年5月25日付）

残照に浮かぶ上室谷集落の棚田。日本海を望む方角に照明をつけた中国電力三隅発電所が見えた＝浜田市三隅町室谷

双方の枝が手をつなぐような立ち姿から、地元では「夫婦もみの木」と呼ばれる。

たたらの歴史をしのばせる地域のシンボルとして住民に親しまれ、帰省者の多い盆休みやクリスマスになると、ライトアップもされている。

下今明集落のシンボルとなっている夫婦もみの木＝浜田市三隅町井野

笠松峠の石畳路

重い砂鉄を安全に運搬

江戸時代、津和野藩には中国山地に散在した「飛び地」と呼ばれる領地があった。島根県邑南町日貫、浜田市金城町や弥栄町などの飛び地を東西に結びながら、中国山地を縦断するルートは「津和野奥筋街道」と呼ばれた。

津和野城下へ向かう際の難所の一つで、波佐から同市弥栄町に抜ける笠松峠が江戸後期の1811年、石畳になった。今でも波佐側から峠まで約1・2キロにわたり、幅1・2メートルの石がびっしりと敷かれている。石はよく見ると、坂の下側が爪先上がりになっている。坂道でも馬のひづめが滑らない工夫だ。

ジグザグに山を登る石畳路。「砂鉄を運ぶ石畳路が、鉄穴流しの溝手（水路）でできている」と解説するのは長年、金城の歴史を調べてきた隅田正三さん（73）だ。鉄穴流しで砂鉄を採取した後、不要になった石を敷いたとみる。

石畳路の完成を記念して建立された石碑には、峠の山を所有した家の名や、近隣のたたら経営者が出資したことが記されている。砂鉄の大産地だった井野（浜田市三隅町）や弥栄から広島県境に近い栃下《とつさげ》、鍋滝《なべだき》の各たたらへ、石畳路を通って砂鉄が運ばれた。重い砂鉄を安全に運べる輸送路の確保は、たたら経営者の悲願だったに違いない。

石畳路を通ったのは鉄ばかりではない。飛び地で生産した石州半紙を津和野などへ運ぶ道でもあった。波佐でも農家が盛んに紙を漉《す》いた。

津和野藩主が領内の巡検に通ったのも石畳路だ。明治には、波佐の浄蓮寺で生まれた宗教家でチベット探検家の能海寛《のうみゆたか》が、各たたら場で亡くなった人たちを供養するため、往来した。

今ではウオーキングが楽しめるほどきれいな石畳は、40年ほど前まで土に埋もれていたのを、隅田さんら住民でつくる「西中国山地民具を守る会」が掘り起こした。「石が見えてきたときは感動した」と隅田さん。その後も会員らが毎年草刈りや清掃を続ける。今年は7月に汗を流す予定だ。

波佐の歴史を伝える金城歴史民俗資料館は、もともと鉄製品を保管する「たたら蔵」。たたらの経営状況を記した大福帳が多数展示されている。

（2015年6月1日付）

各地のたたら場への砂鉄運搬に使われた笠松峠の石畳路＝浜田市金城町波佐

素材はもちろん、ぬれても破れないと評判を呼んだ石州半紙だ。
　鉄と紙に育まれた金城の歴史は、人々の手で大切に受け継がれている。

金城歴史民俗資料館に展示された大福帳や証文、道具などのたたら関連史料＝浜田市金城町波佐

◆黒い浜（大田）

浜辺に残るたたらの記憶

大田市温泉津町の湯里地区と日祖地区の間にある入江の砂浜は、真っ黒―。

こんな話をたたらに詳しい、古代出雲歴史博物館の角田徳幸交流普及課長から聞いた。その正体は海岸近くでたたらが営まれ、鉄の製造過程で出た不純物の塊（鉄滓《てっさい》）と砂鉄だという。

とりあえず現場へ向かった。湯里から海岸沿いの曲がりくねった細い道を車で５分ほど走ると、海岸に下りるコンクリート製の階段を見つけた。車を止め、歩いて急な坂道を約３００メートル下ると砂浜に出た。

岩場に挟まれた入り江には約１００メートルほどの砂浜。近寄ると黒く染まっていた。黒い砂が砂鉄か。数センチ大の塊が混じっている。鉄滓特有の細かい穴があり、角がとれて丸くなっている。

鉄滓を探して、入り江に注ぐ細い川を約２００メートルほどさかのぼると、整然と積まれた石垣があった。石垣の上は雑木に覆われていたが数十メートル四方の平地があった。たたら製鉄を営んだ高殿があった場所だろう。石垣の下は鉄滓が山のように積み上がり、掘ると拳大の塊がごろごろ出てきた。

増水した川の勢いで鉄滓が海岸まで流され、波に洗われ、次第に丸くなったのだろうか。

ここは、江戸～明治時代、大田市仁摩町宅野を拠点にたたら製鉄や海運業を営んだ藤間家が運営したたたらがあった場所とみられる。

藤間家文書を調べた、石見銀山資料館（大田市大森町）の仲野義文館長によると、１８４９（嘉永２）年の文書に、藤間家が湯里に持っていた「鉄ケ谷鈩《たたら》」が登場。長州（山口県）から木炭を「鉄ケ谷鈩」に納入するとの契約が記されている。取引を仲介したのは神子路（大田市仁摩町馬路）の回船業者だった。

別に藤間家が伯耆（鳥取県西部）から砂鉄を購入したことを示す書状なども残る。原料となる大量の木炭と砂鉄を、他から船で運び入れ、高殿で製鉄し、製品の銑《ずく》などをまた船で運び出す。文書からは、石見の海岸部特有のたたら経営の姿が浮かび上がる。

（2015年6月8日付）

波に洗われて黒い砂粒となった鉄滓で覆われた「たたら」の浜辺＝大田市温泉津町湯里

仲野館長は、黒い砂がある入り江付近が鉄ケ谷鈩跡だったとみており、「大田の海岸部には数多くのたたらがあった。いずれも回船業者と深く結びついていたのが特徴だ」と解説する。

この浜辺で、いつまでたたらが営まれたかは不明だ。製鉄の火が消えた後、次第に人口が減り、15年ほど前から無住となったという。

湯里の住民は今も、この地域を単に「たたら」と呼ぶ。その呼称が鉄作りの拠点だった記憶をかすかに伝えている。

浜辺近くのやぶの中に残るたたら場跡では、大量の鉄滓が埋まっていた＝大田市温泉津町湯里

海の総合商社

たたらと回船で時代築く

大田市の世界遺産・石見銀山遺跡でボランティアガイドを務める松原軍二さん（74）＝大田市久手町波根西＝は、銀の積み出し港だった同市温泉津町温泉津に残る船宿の客船帳を見てびっくりした。

他国の船ばかりと思っていたら、久手、鳥井、和江など、大田市内の港を拠点とする回船業者の名が数多く並んでいた。興味が湧いて調べるうちに、江戸後期から明治初期にかけて、鉄と海で栄えた郷土の姿が浮かび上がった。

江戸時代、現在の大田市から江津市、邑智郡にかけて、石見銀山を中心とした天領があった。１８３６年の領内には17カ所のたたらがあり、このうち大田市のエリアは沿岸部に集中。原料の砂鉄や木炭、できた銑を船で運搬する「海のたたら」だった。

久手と鳥井の間にある笠ケ鼻の東側付け根にあった百済鈩《くだらたたら》は、同市鳥井町の石田家が経営。製鉄を行った高殿跡の石垣や、不純物が固まった鉄滓が今も残る。

石田家をはじめ、大田の鉄師は回船業もなりわいとした。その活躍ぶりは新潟県出雲崎町の問屋の客船帳から読み取れる。１８４７～85年に石見の船が延べ２２３隻入港。約３分の２は大田の船だった。

入港回数が和江と並んで、最も多い41回を数えるのが久手。ここで回船業を営んだ竹下家に、３５０石積み程度とみられる帆船・住吉丸の勘定帳が残る。寄港地は秋田、新潟、博多、長崎、尾道、大阪と広範囲に及ぶ。石見の銑や紙、鳥取県の綿などを東北や北陸で販売。帰りにコメを買って西日本で売り、利益を上げた。

住吉丸の収支を調べた石見銀山資料館（大田市大森町）の仲野義文館長は「石見の回船業者は『海

（2015年6月22日付）

夕日に浮かんだ笠ケ鼻東側の百済浦。海岸近くにたたら場があった時代には、砂鉄や木炭を運んだり、出来上がった銑を各地へ送ったりする船が行き来した＝大田市鳥井町鳥井

の総合商社』だった」と表現する。

石見ブランドの加工品、瓦も当時から各浦で盛んに焼かれ、船で鳥取方面へ運搬。砂鉄と交換した。宅野では、当時生産した瓦の土が黒かった。その名残なのか、住民は今も黒い瓦を好み、赤瓦主体の石見では珍しい景観を形成する。

大田の繁栄ぶりは、1878年の「石見国地価全書」が物語る。地価総額は石見全体で竹下家がトップ。石田家のほか、宅野の藤間家、波根西の岡田家、静間の前原家、刺鹿の大沢家などが上位を占めた。

大田のたたらと回船は近代化の波にのまれて、次第に姿を消した。松原さんは仲間と資料を集め、昨年末に市内の鈩跡を訪ねる講座を企画。参加した約30人に、忘れられつつあった郷土の足跡を解説した。「船やたたらに興味を持つ人が増えればうれしい」。石見銀山と共に、胸躍る「石見船団」の実像を多くの人に伝えたいと願っている。

黒瓦の家並みが広がる宅野地区。石州赤瓦の生産が盛んな島根県西部の中で独特の景観を残す＝大田市仁摩町宅野

大田市内のたたらと回船業者の母港

◆和木の砂丘開拓

鉄穴流し応用 農地造成

赤瓦や黒瓦の家々が立ち並ぶ江津市和木町の日本海沿いの砂丘地帯。砂浜が海に延びて地続きになった真島に上ると、風が吹き視界が開けた。

一見、何の変哲もない海端のこの地に、江戸時代の終わりから明治初め、国内では画期的な工法で豊かな農地が造られていた。科学の目で近年、そうした史実に新たな光が当てられた。

キーワードは鉄穴流しの応用。主人公は当時の和木村で庄屋や浦年寄を務めた小川八左衛門秀行（1824〜79年）だ。

八左衛門は小川家37代当主。島根県邑南町井原をはじめ、各地でたたら製鉄を経営し、漁業や海運、石見焼に炭焼きなども手掛けた。

中でも、和木砂丘の開拓が特筆される。東端は第二新川、西端は和木川の間の東西1キロ、国道9号北から海岸部まで南北の幅約300メートル。この区域の多くを八左衛門が開いた。

その手法に農業土木を研究する東京農業大名誉教授の高橋悟さん（67）＝大田市大屋町＝が注目する。八左衛門は島の星山の麓で、たたらの原料の砂鉄を採る鉄穴流しを行い、その泥水を木の樋《とい》を作って運び、砂丘に流し込んだ。泥水を3尺ため、1尺に沈殿乾燥するのを待ち、上に砂を敷いて耕地にした。海岸沿いには垣を設け、マツの苗を植え防風砂林も作った。

「川に流せば公害になる鉄穴流しの泥水を、有効活用した。海の漁場も守り、不毛の砂丘を恵みの地に変えた。冬場に開拓を進めることで、農民の仕事もつくり労賃を払った。一石二鳥どころか四鳥にも五鳥にもなった」。高橋さんはこういって、技術的な先進性と合理性に驚く。

1951年、黒部川流域の富山県では昭和の食糧大増産を目指し、山を崩し水路で泥を運び、扇状地に乗せる「流水客土」が行われた。「発想は同じ。時を大きくさかのぼり、砂丘開拓に客土を用いたのは日本初だろう」と位置付ける。

和木の農地ではサツマイモや麦が栽培された。それだけでなく、1尺に沈殿乾燥した真砂土は不透水層となり水がたまったため、稲作もできたとみられる。

（2015年6月29日付）

真島から望む和木町の砂丘地帯。真島には小川家の別荘や茶室があった。小川八左衛門秀行は生涯に飢饉《ききん》と疫病、浜田沖地震の３度の災害に遭いながら懸命に生き抜いた＝江津市和木町

小川家の歴史は800年におよび、小川庭園は室町時代中期、画聖・雪舟の作と伝わる。山の斜面を利用し、多数の名石を巧みに組み合わせた豪放雄健な手法で、蓬莱山水を表現している＝江津市和木町

小川家には八左衛門が砂丘で指揮を執る姿を写した写真乾板や、愛用のシルクハット、泥の深さを測る目盛りを刻んだ開拓用くわが残る。同家の小川敬子さん（70）は「八左衛門にとって村人は全員、小川家の家族で子どもみたいなものだったのだろう」と話す。

小川家の古文書によると、和木村の人口は1842（天保13）年、疫病で315人に減ったのが、八左衛門一代で71（明治4）年には1536人に増加した。江戸から明治に移る激動の時代、風土を見つめ、村人の命と暮らしを支えたリーダーの実像は今こそ、多くの人々に知られていい。

◆江の川

水運生かし一帯繁栄

ゴトン、ゴトン……。川沿いのＪＲ三江線のレール音が、朝もやの残る山にこだました。広島県北広島町の阿佐山を源流とする江の川は、全長１９４キロ、流域面積３９００平方キロメートル。ともに中国地方随一で〝中国太郎〟の異名を持つ。

河口から約65キロの中流域にある島根県美郷町潮村。人口は現在90人（5月末現在）で、山間部の典型的な過疎地域だが、江戸期から明治期にかけて、水運を生かした、たたら製鉄でにぎわった。

潮村の旧家・中原家に残る文書によると、１６９８年に１１６人だった人口は、幕末の１８６６年には、２倍超の２５０人に増えた。石見銀山資料館の仲野義文館長は「人口を支えたのは、たたら製鉄で、江の川が大きな役割を果たした」とみる。

旧大和村には31カ所のたたら製鉄遺跡が確認され、鍛冶屋も中原家が経営したものだけで12カ所あった。砂鉄は山を崩す鉄穴流しだけでなく、江の川からも採った。製品は船で下流へ運び、石見の回船業者が遠くは東北へ運んだ。

潮村に鍛冶屋が多いのはたたらで作った鉄を精錬し、炭素量の少ない付加価値の高い割鉄を生産したため。石見の海岸部で生産された安価な銑に対抗した。

中原家文書に登場する西田屋は、美郷町浜原の回船業者。中原家から鉄製品を仕入れて川を下り、米、塩、海産物など積んで上った。浜原は石見銀山街道と江の川の結節点にあたり、川港として重要な役割を果たした。

中原家が購入した物品を同家文書で丹念に調べると、米、塩、酒、しょうゆ、瓦、大豆、麦、たばこなど多岐にわたる。品物は、同家が経営していた二タ郷《ふたごう》、今山など潮村内の鍛冶屋に配分。米は山形や新潟からも届いた。鉄が生み出す利益で、田畑の少ない村の生活物資を調達した姿が浮かび上がる。

中原家の15代当主の義隆さん（82）は、「たたらは江の川一帯の一大産業だった。仕事があるところには人が集まる。人が集まるから品物も必要だったのだろう」と話す。中原家の築２００年を

（2015年7月6日付）

鉄や生活物資を運ぶルートとして地域の産業と暮らしを支えてきた江の川。奥の集落が潮村＝島根県美郷町長藤

超す邸宅は、たたらがもたらす豊かさを象徴。明治期に活躍した日本画家・中原芳煙《ほうえん》（本名・佐次郎、1875~1915年）も生まれ育った。

川を船が行き交い、里山には炭焼きや鍛冶屋の煙が立ち上る……。川と生きてきた人々の歴史を重ねながら静かな川面を見つめていると、江の川の存在の大きさとともに、何とも言えぬいとおしさがこみ上げてきた。

築200年を超す中原家住宅。儒学者・佐和華谷《さわかこく》が揮毫した屏風やふすまが当時の繁栄をしのばせる＝島根県美郷町潮村

久喜・大林銀山

銀鉱石の採掘支える

土の壁が黒く焼け、木のタールが染みついている。近年まで盛んに炭が焼かれたような錯覚を覚えるほどしっかりした造りだ。広島県境に近い島根県邑南町上田所の青松地区で6月、林道建設に伴う発掘で、山の斜面を掘った6基の炭窯跡が見つかった。標高は約600メートル。高さ、幅とも1・4メートル、奥行き4メートルで煙道が付く。上から見ると羽子板や、こけしのような形で、1500年代半ば、戦国時代の窯とみられる。

炭窯の下の谷筋では戦国時代をはじめ、11カ所のたたら製鉄跡が確認されている。炭窯の操業時期は、直線距離で約10キロ離れた久喜・大林銀山（邑南町）の最盛期と重なる。

「ここで焼かれた炭が近くのたたらで使われた。できた鉄は、銀鉱石の採掘に用いられた可能性が高い」。考古学者で田所公民館長の吉川正さん（66）は、こう読み解く。砂鉄産地の中国山地で、併せて銀という貴重な鉱物資源に恵まれ、銀と鉄両方の遺跡が明確なのは邑南町だけ。全国的にも珍しい。

久喜・大林銀山は、戦国武将・毛利元就によって1550年ごろから本格的に開発された。東西3キロ、南北2キロ。世界遺産に登録された石見銀山遺跡（大田市）の中核に匹敵する広さを誇る。

現地を歩くと、最盛期の戦国後期から江戸初期の露頭掘り跡や、地中の鉱脈を掘り込んだ跡がそこかしこに姿をとどめる。確認された採掘跡は、戦国から明治期まで実に1350カ所。仕事には、のみやはさみ、金づちといった鉄の道具が欠かせなかった。

1602年に記された土地台帳の検地帳をひもとくと、最盛期の大林銀山の実像が浮かび上がる。屋敷は176軒、人口は数千人。石見銀の積み出し港として栄えた同時期の温泉津の171軒と同規模だ。採掘に使われた鉄製工具を直した「かじ」や、たばこを売った「たばこ」「かみゆい（髪結い）」「ふろや（風呂屋）」が記され、鉱山都市の繁栄を物語る。

江戸中期の石見銀山の資料からは、久喜銀山本体の中で銀生産と、たたらの鉄生産が同時並行で

（2015年7月20日付）

邑南町教育委員会の調査で出土した青松炭窯跡群の１基。戦国時代後期とされる炭窯の発掘例は島根県内で少ない。調査後、林道建設で６基のうち４基が姿を消した＝島根県邑南町上田所

行われていたことがうかがえる。石見銀山の大森の商人・田儀三左衛門は久喜でたたらを経営し、久喜銀山を採掘する山師・新右衛門と山の木材を争った。

資料を判読した石見銀山資料館の仲野義文館長（50）は「山師とたたら経営者は良好な関係だった。山師は鉄の道具を近くで安く入手し、たたら経営者は鉄を売って銀を手に入れた。その一方、お互い炭が必要で木材をめぐっては競合した」と説く。

砂鉄に銀、木材という豊かな地域資源を知恵と技で生かし、流通経済が躍動した歴史が、邑南町の大地に今も刻まれている。

大林銀山の大山谷間歩群にある採掘跡。戦国時代末期から江戸初期の最盛期の歴史を伝えている＝島根県邑南町大林

出羽鋼

脈々と息づく刀工の技

カチーン、カチーン。木炭で熱し、真っ赤になった鉄の塊に刀匠の三上貞直《さだなお》（本名・孝徳）さん（60）が槌《つち》を振り下ろすと、鉄の破片が飛び散った。鉄を熱して、たたいて伸ばし、折りたたんで、たたく。「折り返し鍛錬」は鋼の材質を鍛える工程で、刀作りに欠かせない。

島根県邑南町布施の鍛冶屋に生まれた。奈良県の名刀工・月山貞一氏の著作「日本刀に生きる」に感銘を受け、高校卒業後、月山氏に入門。5年の修業を経て1980年、現在の広島県北広島町有田に三上貞直日本刀鍛錬道場を開いた。

貞直の名は独立する際、自ら付けた刀工銘。出羽《いずわ》（邑南町）の刀工で、鎌倉末期の刀工正宗の高弟「正宗十哲《じってつ》」の1人とされる出羽直綱《なおつな》にあやかった。「工房は広島だが、生まれは瑞穂（現邑南町）。人は生まれた風土に影響を受ける。直綱への思い入れを名前に表現させていただいた」。南北朝スタイルと言われる長い刀で評価を高め、毎年の新作名刀展で上位入選を果たす。2年前、全日本刀匠会会長に就いた。

三上さんのこだわりは、刀の原料となる玉鋼作りへの参画だ。87年から、島根県奥出雲町大呂の日刀保（日本美術刀剣保存協会）たたらで作業に従事。できた鋼で刀を作る。

直綱が生きた室町時代も、中国山地は良質の砂鉄を産出し、玉鋼の主産地だった。中でも千種の火鋼《ひはがね》（兵庫県宍粟市）と、出羽の水鋼《みずはがね》は二大ブランドだった。

水鋼の名前は、たたら製鉄でできた鉧《けら》を水をためた鉄池《かないけ》で急速冷却する工程に由来する。自然冷却する火鋼に比べ、作業効率が上るメリットがあったとみられ、この工程を「出羽流」とも呼んだ。邑南町文化財保護審議会委員の吉川正さん（66）は「鉄池の発明のほか、複雑なたたらの地下構造など、中世の邑智郡南部は鉄の先進地域だった」とみる。

直綱がいつ、どこで刀を作ったのか、詳しいことは分からない。ただ、名鋼を求める刀工たちは出羽に集まり、腕を振るったのだろう。

武器として生まれた日本刀は今、美術品としての価値を追求する。三上さんは「先人の汗と涙、そしておびただしい血によって築かれた平和の象徴としての鉄の芸術」と、日本刀を定義し、全身全霊を注ぐ。中国山地の風土が育む鋼と刀匠の技は、歴史を超えて脈々と受け継がれている。

出羽の刀工・3代直綱作の刀＝益田市本町、益田市立歴史民俗資料館所蔵

（2015年7月27日付）

和鉄を鍛錬して日本刀作りに打ち込む三上貞直さん。槌を下ろすたびに、薄暗い工房に火玉が飛び散った＝広島県北広島町有田、三上貞直日本刀鍛錬道場

◆大利たたら

恩恵に感謝し石碑建立

「当村百姓至テ困窮付出張六左衛門愁之鈩発起之儀…」

島根県邑南町阿須那の大庭《おおにわ》地区の山中にひっそりたたずむ石碑がある。高さ1・5メートル。円い石を半分に割った形。刻まれた文字は風化して、肉眼では判読できないが、この場所で江戸時代末、大利《おおとし》たたらを起こした斎藤六左衛門（屋号・出張《ではり》、1733〜1811年）への深い感謝の念が込められている。

碑文を現代文に訳すと「当村の農民の困窮を悲しんだ出張六左衛門は、（浜田）藩にたたら操業を何度も願い出て、70歳になってようやく許可が出た。近郷の者は大いに恵みを受けた。文化8（1811）年に79歳で亡くなったが、恩に報い、仕事に励むことを誓い、ここに記す」となる。

大利たたらを始める1802年以前、農民は干ばつや冷害に苦しんだ。1756年には出羽（邑南町）で一揆が起こり、首謀者として阿須那や戸河内（同町）の人々も捕らえられた。

たたらは、戸河内の庄屋でもあった六左衛門が、地域の窮状を救うために選んだ手立てだった。操業から約50年後の1851年、人々は六左衛門に感謝して、石碑を建てた。

邑南町文化財保護審議会委員の日高亘さん（77）＝邑南町阿須那＝は「阿須那は平地が少なく、農民が苦労した土地柄。たたらによる炭焼きや砂鉄採取、運搬が農閑期の収入になった」と推測する。

松江藩の下で鉄師がたたらを独占的に営んだ出雲地方に比べ、石見地方は統制がやや緩やかだった。庄屋たちは資金や職人を融通し合い、集落単位で小規模なたたらを営んだ。例えば、浜田市金城町波佐では1840年、地元の庄屋たちが、水害を受けた田畑の復興費を稼ぐため、桂迫たたらを創設した。

庶民の暮らしを支えた人々の物語は、時代を超えていくつも伝わる。

阿須那では、たたらを開いた六左衛門の祖父とみられるもう1人の六左衛門（?〜1722年）が、山あいを抜ける用水路の難工事に挑んだ。

大庭地区の田んぼは水源が小さな谷川だけで、

（2015年8月3日付）

たたらで山地の暮らしを支えた斎藤六左衛門をたたえる石碑。森の奥で人知れずたたずんでいた＝島根県邑南町阿須那

度々干ばつに見舞われた。六左衛門は、阿須那の庄屋と共に、約2キロ上流からの水路建設を発起。途中の断崖絶壁では溝が掘れないため、くりぬいた丸太を縄でつるして水を通す「吊溝《つりみぞ》」を設置した。

山がちな石見の地で、貴重な田んぼを守り、たたらで暮らしを切り開いた。石見人の労苦と喜びを、大利たたらの石碑は静かに語り続ける。

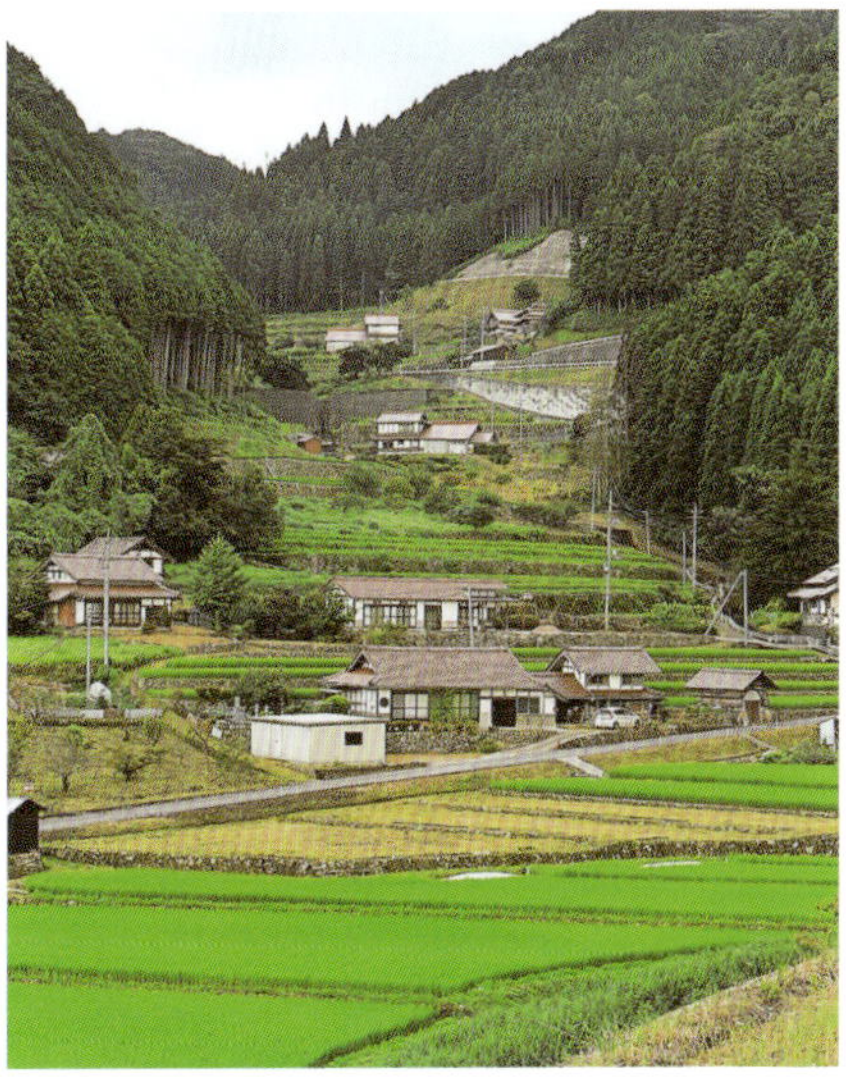

江戸中期に上流部からの水路を整備し水不足を解消した大庭地区＝島根県邑南町阿須那

大板山たたら

石見人が礎となり世界遺産に

山口県萩市紫福の大板山たたら製鉄遺跡は、日本海岸から約10キロ入ったひっそりとした山中にある。「明治日本の産業革命遺産」の一つとして世界遺産に登録された7月以降、週末は1日300人の来訪者でにぎわうようになった。

欧米列強に迫られ、開国の流れが決定的になっていた1856年、長州藩は木製の西洋帆船・丙辰丸《へいしんまる》を自力で建造した。その錨《いかり》やくぎに大板山たたらでできた鉄が使われた。

大板山たたらは1751年以降、江戸末期まで断続的に3回操業。そのほとんどに石見人が深く関与した。最初は津和野藩青原村（島根県津和野町青原）の紙屋伊三郎が関わった。2回目は浜田藩鍋石村（浜田市鍋石町）の江尾小右衛門、3回目は銀山領渡津村（江津市渡津町）の高原竹五郎が経営した。砂鉄は長州では採れず、浜田市井野地区から船と馬で運んだ。

山口県内の製鉄遺跡を研究する梅光学院大の渡辺一雄教授（62）は「石見の鉄師が豊富な木炭資源を求めて進出した。長州も先進的な技術が欲しかった」とみる。長州藩の進取の精神と石見のたたらの技術が融合し、日本の近代化の一端を支えた。

長州藩は1816年、密偵・野村伊之助を津和野藩内のたたら場に放った。その報告書「石州鑪五ケ所流鉄山仕法聞書」の成果なのか、江戸後期には長州藩内に続々とたたらが誕生。大板山と同様、石見の職人が続々と入った。

大板山の墓地には、島根県奥出雲町や同県飯南町出身の人物名が刻まれた墓石もある。たたら場の職人たちは、現代人が想像するよりもはるかに広く、中国山地を移動したのだろう。

世界遺産として脚光を浴びる大板山だが、曲折もあった。1970年代のダム建設計画で、水没の危機に直面したが、県教育委員会などの努力が実り、主要部は完全な形で残った。

地元住民は昨年、たたらの保存会を結成した。会長の小野興太郎さん（69）＝萩市紫福＝は、物質科学が専門の島根大名誉教授。「地元の文化遺産が再認識された。遺跡を生かして地域を盛り上

（2015年8月10日付）

世界文化遺産に登録された大板山たたら製鉄遺跡。長州藩の洋式軍艦の建造を石見のたたら技術が支えた＝山口県萩市紫福

げたい」と意気込む。

いつか奥出雲町の日刀保たたらから村下を迎え、大板山でたたらを再現する──。小野さんは、鉄を介した島根と山口の結びつきが、時代を超えて復活する日を夢見ている。

大板山たたら製鉄遺跡そばの墓地。島根県奥出雲町や同県飯南町出身の人物の名が刻まれた墓石が残る＝山口県萩市紫福

◆鉄師が伝えた祭り

時を超え地域で伝承

斐伊川の源流を発する船通山の麓が夕暮れに包まれるころ、島根県奥出雲町の棚田が広がる集落を、華やかな幕や花飾りを付けた山車が練り歩く。山車の上では、化粧した振り袖姿の稚児たちが太鼓をたたきながら「あ～あ、よいよい」と合いの手を入れ、笛とかねの音が響く。

同町竹崎地区では8月15日に「秋葉大権現《あきばだいごんげん》の十七夜」が営まれ、隣接する大呂《おおろ》地区では24日に「大呂愛宕《あたご》祭り」がにぎやかに行われた。ともに山車に乗った稚児が巡行し、囃子を奉納する、うり二つの夏祭りは江戸時代に鉄師がもたらした伝統文化を受け継いでいる。

松江藩の鉄師を担った卜蔵家は竹崎地区の追谷集落を本拠地に、主力となった原たたらを築いた。1768年に原たたらの操業を開始する際、ともに「火伏せ」(防火)の神様である秋葉大権現と愛宕大権現を、追谷と大呂の妙厳寺に祭り、京都の祇園祭の囃子を持ち帰ったとされる。たたらの高殿や山内集落、炭を焼く山が火災にならないよう祈ったのが始まりだ。

しかし、伝統の継承は一筋縄ではいかなかった。二つの祭りとも担い手不足からいったん途絶える。その後、若者の手によって大呂愛宕祭りは1971年、秋葉大権現の十七夜は76年にそれぞれ再開された。当時、参画した追谷自治会長の木邑《きむら》光晴さん(66)は「子どものころに山車に乗った体験を思い出し、ぜひ復活させようと思った」と話す。

今も少子化の波に洗われながら、子どもたちは7月後半から各地区の自治会館に集まって、太鼓の演奏を大人たちから教わる。姉の米田ちはるさん(12)＝鳥上小6年＝から今年初めて太鼓たたきを引き継いだ米田こころさん(9)＝同3年＝は「練習は大変だったけれど、楽しかった。来年もやりたい」と笑顔で話した。

祭りがクライマックスに近づき、坂道を上る秋葉さんの山車の脇を歩きながらはっと気付いた。周りはたたら製鉄の原料・砂鉄を採った鉄穴流しの跡にできた棚田。秋葉大権現のほこらは、聖なる場所を守るため、鉄穴流しで削らず残した丘の上にあった。

奥出雲の人々の営みが創り出した文化的景観に、

(2015年9月7日付)

宵闇に浮かび上がる大呂愛宕祭りの山車。晩夏の奥出雲に幻想的な雰囲気を醸し出す＝島根県奥出雲町大呂

山車と子ども、大人たちの姿が溶け込んでいく。たたら製鉄がもたらした祈りや文化は、過去から未来へと引き継がれる。

たたら製鉄によって生まれた棚田の横を進む秋葉大権現十七夜祭りの山車行列＝島根県奥出雲町竹崎の追谷集落

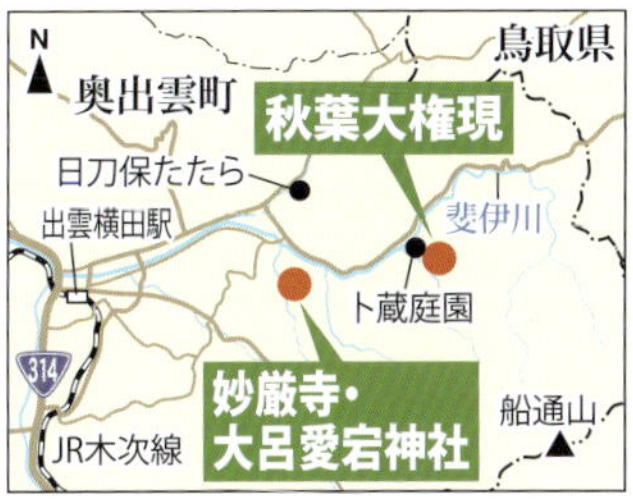

◆伯耆の鉄師・近藤家

御三家の生産量を一時しのぐ

参勤交代の際、松江藩主が訪れた宿場町の面影をとどめる鳥取県日野町根雨。出雲街道沿いに歩くと、ひときわ風格を帯びた邸宅がある。江戸後期の1779年から鉄造りを始めた伯耆の鉄師・近藤家住宅だ。9代当主の近藤登志夫さん（55）の案内で、通りを挟み反対側にある「たたらの楽校根雨楽舎」の展示を見て目を見張った。

日露戦争が起きた1904年、近藤家のたたら製鉄で造られた鉄は約1100トン。島根県奥出雲の田部、絲原、櫻井の鉄師御三家が造った鉄の総量を上回る。当時、広大な奥日野のたたらを近藤家が一手に担った。日野郡と岡山県新庄村で経営したたたら場は実に74カ所。ピーク時には、11カ所同時に操業した。そんな離れ業がなぜできたのか。

「秘訣は緻密な経営努力に基づく技術改良と販路の拡大」と鳥取県公文書館専門員の池本美緒さん（35）が説く。よりどころは、10万点におよぶ近藤家文書だ。鳥取県西部地震を機に同館に寄託され、郷土史家の故・影山猛さんと、伊藤康総括専門員（58）ら同館職員が読み解き、経営の実像が判明してきた。

江戸後期、奥日野には鉄師が20人いたが、明治に入ると、大蔵卿松方正義による1883年からのデフレ政策で、鉄価格が3分の1に下落。鉄師は大打撃を受け、たたらから撤退した。

その中で、近藤家は徹底した効率化と合理化を促進した。福岡山鉄鉱所に蒸気機関によるハンマーを導入し、包丁鉄を造る作業を機械化。ふいごも水力を用いて人件費を削減したほか、大坂支店を通じ、東北、北陸へと販路を拡大した。

池本さんは、5代当主・喜八郎が海軍省に技術視察に赴いた様子などから「近藤家は当主が率先して改革の先頭に立ってきた」と捉える。この気

（2015年9月21日付）

明治期には、年によって奥出雲御三家の総量をしのぐ製鉄量を誇った近藤家住宅。秋雨にぬれた出雲街道を照らしていた＝鳥取県日野町根雨

風が不況など幾度もの危機を乗り越える力となった。

出雲や備後などからも広く人を雇用し、優れた職人には年金制度を設けて人材を確保。生産効率を上げるため、たたらの技師長を一堂に集めて画期的な村下《むらげ》会議も開いた。日本全国の人口が4千万人だった明治期、日野郡には3万人が住み、うち2万人が製鉄関連の従業員と家族だった。

第1次世界大戦後の不況の波を受け、近藤家は1921年にすべてのたたらと大鍛冶場を閉鎖したが、最後の鉄師の経営理念は、奥日野の歴史の中でひときわ輝いている。

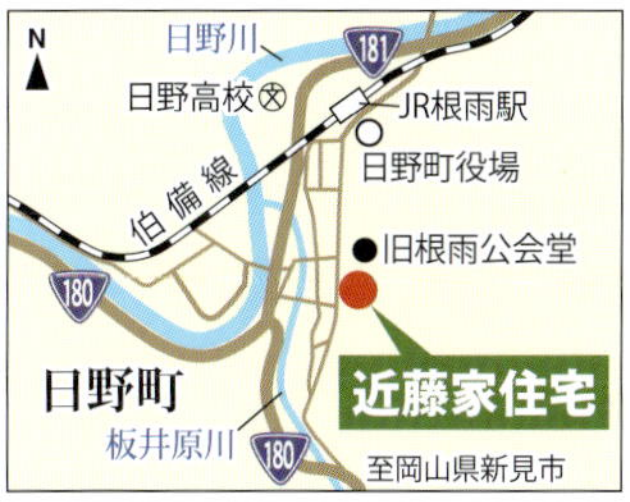

近藤家の7代当主寿一郎が1940年、根雨宿を見下ろす高台に私費で建設した旧根雨公会堂。モダンな洋風意匠を取り入れた建物で、現在も町歴史民俗資料館として活用されている＝鳥取県日野町根雨

◆都合山たたら跡

奥日野 顕彰の起点に

「奥日野全体で350カ所あるたたら跡の中でも、ここが最高だ」。うっそうとした杉木立の中を歩き、伯耆国たたら顕彰会事務局長を担う藤原洋一さん（65）の言葉に納得した。伯耆の鉄師・近藤家が経営した鳥取県日野町上菅《かみすげ》の都合山《つごうやま》たたら跡。南北200メートル、東西100メートルの範囲に高殿をはじめ、鉧《けら》を冷やした鉄池、砂鉄洗い場や金屋子神社、集落など施設全体の様子を伝える遺構が極めて良い状態で保存されている。

それだけでも貴重だが、都合山は2度にわたり学術調査の光が当てられ、100人以上が働いた明治期のたたら製鉄の実像が描ける特筆すべき場所だ。

始まりは1898年夏、浜田市出身の世界的な鉄冶金学者で、文化勲章を受けた俵国一博士の来訪だ。東京帝大助教授時代、博士は洋鉄に押され失われつつあった、たたら製鉄を記録に残そうと中国山地に入った。

都合山では各施設に加えて江戸から明治期、さまざまな暮らしの道具の素材となった包丁鉄の製造を詳しく記した。実際、稼働していた大鍛冶場の工程を最新の冶金学を学んだ研究者が見詰めた意義は深い。

さらに、たたら製鉄を研究する島根県立古代出雲歴史博物館交流・普及課長の角田徳幸さん（52）が2008年に現場の測量と発掘を実施。施設が俵博士の記録通りの構造であることが判明した上、製鉄炉の地下構造が明らかになる成果を得た。

日野町議会議長で都合山の地元で里山元気塾長を務める小谷博徳さん（72）は「角田さんの発掘がなければ今日、日野町のたたらを生かす地域づくりはなかった」と説く。折しも小谷さんたちが都合山に注目し、たたら場に至る2キロの道を歩けるよう整備した直後に発掘が始動。住民は角田さんから俵博士の調査を教わった。発掘時には多くの研究者が訪れ注目した。藤原さんも、「発掘調査がたたらへの関心に火をつけた」と振り返る。

都合山などでの調査成果をまとめた俵博士の著書「古来の砂鉄製錬法」は、たたら研究の必読の書となった。古里の山陰に根付き、日本の発展を支えた、たたらの火を記録にとどめるという若き

（2015年10月5日付）

緑陰に眠る都合山たたら跡。砂鉄洗場（手前）や高殿跡（左側石垣の上）など山内集落の遺構がよく残っている＝鳥取県日野町上菅

研究者の志は、角田さんの思いと重なりながら、奥日野の地に息づいている。

都合山たたらの操業の様子を再現した高殿模型＝鳥取県日野町根雨、たたらの楽校根雨校舎

◆印賀鋼

高い品質 全国に名声

銀色の輝きを放ち、ずっしり重い。鳥取県日南町印賀の旧大宮小学校校舎を活用した大宮地域振興センターで貴重な玉鋼を見せてもらった。伯耆国の鉄師・近藤家が操業していた吉《よし》だたらで造られた印賀鋼だ。印賀鋼は島根県邑南町産の出羽《いずわ》鋼と並んで刀匠らに「鋼の王」と評価された。昭和天皇が皇太子になられる儀式で用いられた剣も印賀鋼で鍛えられ、日本を代表する玉鋼の一つとされた。

「秘けつは砂鉄の質の高さ。硫黄やリンなど不純物が少なく、割れにくい。長期に採掘できるほど量も豊かだった」。同センター事務長で伯耆国たたら顕彰会会員の西村幸治さん（60）が玉鋼を見ながら教えてくれた。日南町の印賀と阿毘縁《あびれ》、山上の山ノ上地区が上質な砂鉄に恵まれた。

印賀での鉄造りの歴史は古く、鎌倉時代前半の1254年にまでさかのぼる。鎌倉の武士・古都《ふるいち》文次郎信賢《のぶかた》が印賀の阿太上《おたあげ》に入り、製鉄を始めた。さらに江戸後期の1809年、印賀でたたらを経営した青砥孫左衛門が「印賀鋼」の商標で大坂へ販売。トップブランドとして鳥取県日野町根雨の近藤家などに引き継がれた。吉だたら製の玉鋼で造られた刀は、抜群の切れ味を誇ったという。

「日南町の歴史の中で、たたら製鉄が占めるウエートが非常に大きかった。全国に名をはせた上質の鉄がこの地から生まれたのは地域の誇り」。同町宝谷の井上恵子さん（74）が説く。井上さんらは大宮まちづくり協議会学習部で、5年前から地域に残るたたらの歴史を調べて存在感の大きさに気付いた。

旧大宮小学校は伯耆国たたら顕彰会によるたたらの解説が展示され「たたらの楽校大宮楽舎」になっている。井上さんはそれらに加え、大正期の吉だたらの写真を基にした「吉鈩製鉄場」や「野だたら」の模型を手作りして展示。たたら場を紹介する紙芝居も制作、住民に披露している。

たたら場で働いた人々は外からやってきた特殊な技術を持つ集団。地元の農民らとの交流はほとんどなかったとされるが、農村はたたらが営まれることで、米が売れ、農民らは炭焼きや荷運び、鉄穴流しなどで稼ぎ暮らした。井上さんはそんな歴史を「地元の人たちに知ってほしい」と願う。

スサノオのヤマタノオロチ神話に彩られた船通山をはさむ奥出雲と奥日野で、江戸末期から明治初期、全国の鉄の7割を生産したとされる。日本の屋台骨を支えた鉄のまほろばは今後、地域の未来にとって輝きを増すに違いない。

吉だたらの模型について住民に説明する井上恵子さん（左）＝鳥取県日南町印賀、大宮地域振興センター内のたたらの楽校大宮楽舎

（2015年10月12日付）

全国に知られた鉄ブランド「印賀鋼」を生み出した大地。稲刈りが進む田園が夕日に浮かび上がった＝鳥取県日南町印賀、折渡地区

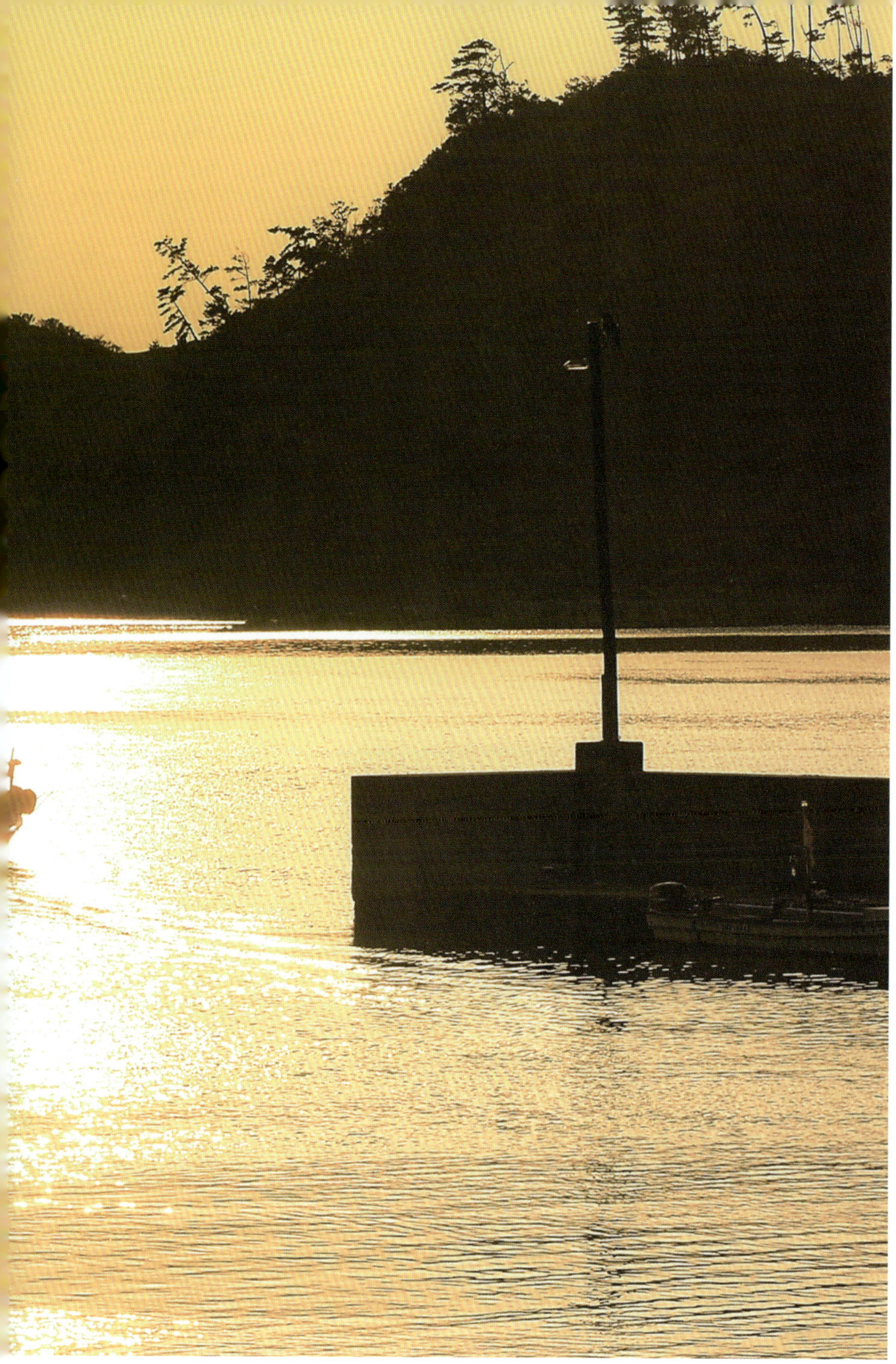

隠岐の島・那久鉄山

製鉄技術者 雲州から招く

西の海に日が沈むころ、港から1隻の漁船が出た。日中の勤めを終えた住民たちが船を操り、自宅で食べる魚を釣る。

島根県隠岐の島町の西南端に位置する那久岬は古くから灯台が設置され、行き交う船の目印となった。穏やかな港に明治初期、山陰各地から砂鉄が運ばれ、たたら製鉄が営まれたことは、住民以外にはあまり知られていない。

那久で鉄山と呼ばれるたたら跡は、港から壇鏡《だんきょう》の滝に向かい4キロ山に入った道路脇にあり、炉壁のかけらや地下構造とみられる陥没、多くの鉄滓《てっさい》が見られた。

那久の庄屋に残り、隠岐郷土館（隠岐の島町郡）に勤めた故重栖憲人氏が分析した文書によると、幕末の1862年、伯耆（鳥取県西部）の人が那久の庄屋を訪ね、たたらの操業を持ちかけた。村人は生計の助けになると賛同。松江藩の許可が出ると見込んで操業に必要な施設を造ったが、65年に来島した松江藩の役人の指示で施設は全て壊された。

那久の文書を調べた鳥谷智文松江高専教授（たたら製鉄史）は「藩は既存の鉄師への影響を恐れたのだろう」と推論する。実際、12年には日御碕（出雲市大社町）でたたら開設の動きがあったが、多伎（同市多伎町）の鉄師・田儀櫻井家が反対して、断念に追い込まれた記録もある。

那久鉄山では、操業に向けた準備段階で砂鉄は伯耆、炉を造る釜土は石見（島根県西部）から船で運び込んだ。また「薬小鉄」の異名を持つ日脚（浜田市）産の砂鉄を仕入れている。炉内で伯耆の砂鉄と混ぜると良い鉄ができるとされ、石見銀山領（大田市など）の鉄師や田儀櫻井家など沿岸部のたたらで用いられた。文書には、製鉄技術者を雲州から招いたとの記述があり、鳥谷教授は「那

（2015年10月19日付）

「島のたたら」を支えた那久の港。夕方になると、日本海に向けて漁船が出て行った＝島根県隠岐の島町那久

久に招かれたのは田儀櫻井家で経験を積み、移った技術者ではないか」とみている。

那久鉄山は江戸幕府崩壊で松江藩が消滅した68年、新政府の監察使に確認したところ、操業しても問題ないとして、再度炉を造り、生産を始めた。しかし、米価高騰による経費増に加えて鉄価下落に見舞われ、4年で頓挫した。大きな借金が残り、那久の住民と操業を持ちかけた人物が裁判で争う事態になった。

那久に住む金岡弘泰さん（87）は「鉄山の失敗もあって、那久ではよそから来た者のうまい話には乗るな、という話が伝わっています」と話した。

山と海の恵みを頼りに生きてきた那久の人々が、たたらにかけた大きな夢は、時代のはざまではかなく散り、苦い記憶の断片がわずかに語り継がれている。

露出した炉の地下構造のそばに、炉壁のかけらが転がる那久地区の鉄山跡＝島根県隠岐の島町那久

◆地形改変・斐伊川編

鉄穴流しで平野広がる

2枚の図を見比べて、思わず息をのむ。1636（寛永13）年に描かれた「出雲国十二郡図」と現在の地形図。宍道湖に注ぐ山陰最大級の河川、斐伊川周辺に注目すると、江戸時代前期より出雲平野が大きくなっていることがひと目で分かる。出雲市灘分町横手と同市斐川町下黒目を結ぶ線から東側約4キロ、南北約6キロにわたって平野が2倍に広がっているのだ。

「たたら製鉄を営むために行われた鉄穴流しで出た砂が宍道湖の水域を埋めていった。たたらを抜きに県内有数の穀倉地帯の形成は語れない」。出雲平野の成り立ちを長年研究してきた池橋達雄さん（84）＝出雲市斐川町荘原＝がこう説く。

斐伊川の源流は島根、鳥取両県境にそびえる船通山（1142メートル）。上流域の奥出雲では江戸時代初期から、たたら製鉄が盛んに行われた。原料となった砂鉄の採取には、山肌を削って水に流し、重さの違いで砂鉄と土砂とを分ける鉄穴流しが欠かせない。その結果、不要となったおびただしい量の土砂が斐伊川に流され、下流域に運ばれた。

しかも、平野が拡大した背景には先人たちの技と知恵があった。大量の土砂が斐伊川の川底にたまり、流域一帯で洪水が頻発したため、松江開府の祖・堀尾吉晴はいったん、鉄穴流しを禁止する。しかし、1634（寛永11）年に藩主となった京極若狭守忠高が、たたら製鉄を藩財政の重要な資金源と判断。鉄師たちの要望を聞き入れ、鉄穴流しを再開させた。

治水事業の技術に自信を持つ京極は、堆積した土砂を活用して斐伊川の西岸に、後に「若狭土手」と呼ばれた堤防の築造を立案、着手。鉄穴流しと洪水防止の両立を目指した。

さらに京極の後を継ぎ、松江藩主を担った松平家は高度な土木技術であった「川違《かわたが》え（川違い）」を駆使。5度にわたって人為的に斐伊川の流路を南や北に変えることで、バランス良く出雲平野の新田を開発することに成功する。

松江市史編纂委員会委員の乾隆明さん（66）は「上流と下流の住民の暮らしや藩財政の運営など、皆が納得してやっていける知恵を松江藩が生み出した」とみる。

（2015年10月26日付）

斐伊川河口近くに広がる出雲平野。田んぼの中に市街地や民家が点在する独特の景観は、鉄穴流しによって堆積した土砂で形成された＝出雲市国富町の旅伏山中腹から

出雲市国富町の旅伏山中腹に上ると、斐伊川と鉄穴流しの砂で埋め立てられた新田部分を望める。この景観の中に約４００年間におよび、たたら製鉄に携わった人びとの営みが生きている。

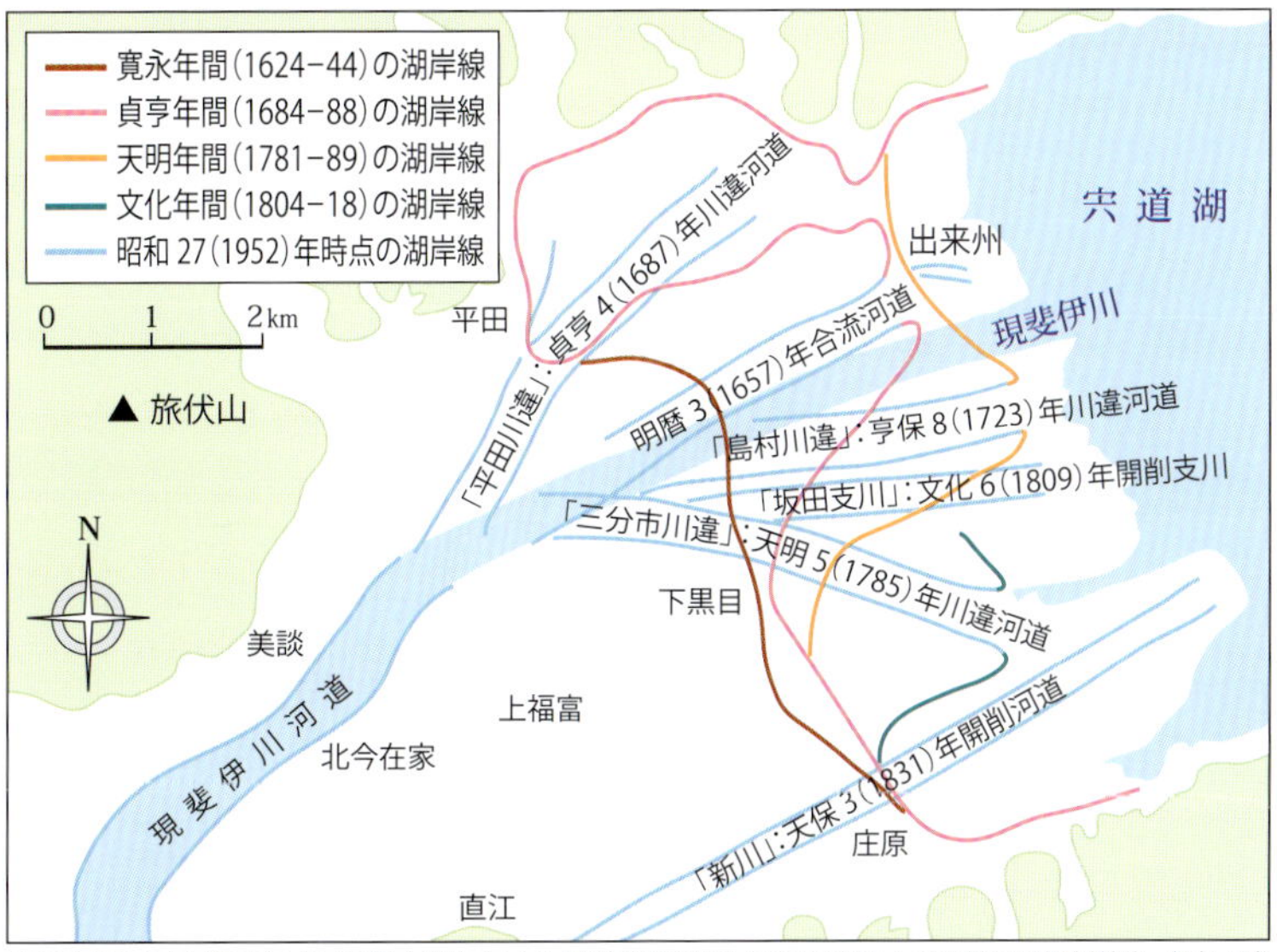

参考文献：「中国地方における鉄穴流しによる地形環境変貌」（北海道教育大学函館校地理学教室　貞方　昇）

◆地形改変・於保知盆地編

歳月かけた大地の創造物

標高700～800メートルの山並みに囲まれた盆地の至る所に高さ20～30メートルの小山が顔を出している。島根県邑南町矢上、中野両地区にまたがる於保知《おおち》盆地を高台から見下ろす風景には、どこか違和感がつきまとう。小山の形状や高さがまちまちで、何となく不自然なのだ。

同町文化財審議会副委員長の吉川正さん（66）によると、盆地のほぼ全域でたたら製鉄の砂鉄を採る鉄穴流しが行われた。「小山は鉄穴残丘で、盆地の周囲の山から突き出ていた稜線が削り取られ、跡地が田畑になっている」。盆地全体が人の手で削られた巨大な鉄穴流し跡地。

同町矢上の香木の森も全域が鉄穴流しの跡地。吉川さんの案内で温泉施設の裏山を歩くと、切羽《きりは》と呼ばれる断崖絶壁があり、水路やため池跡、砂を流した後に残されたままの巨岩の数々が往時のまま残っていた。

鉄穴流しは、切羽で鍬などで崩した土を、上流部の堤にためた水で一気に水路に流す。下で待ち受ける池で重い砂鉄を沈殿させ、選鉱する。山が崩れていくたびに、少しずつ水路や池の位置を変え、山全体を崩していった。

良質な砂鉄を含む花こう岩質の於保知盆地では17世紀から鉄穴流しが行われ、砂鉄は地元でたたら製鉄に用いたほか、原料のまま広島の加計などに運ばれた。

その規模の大きさを示す数字がある。鉄穴流しの影響をまとめた「中国地方における鉄穴流しによる地形環境変貌」（貞方昇著）によると、島根県邑智郡、広島県三次、庄原両市など江の川水系で行われた鉄穴流し跡地は３８９０ヘクタールに達し、於保知盆地を含む濁川流域が33％を占める。

山を削った跡は田畑になった。旧石見町内では日貫や日和でも盛んに鉄穴流しが行われており、１９７５年の調査では同町内の農地面積９４４ヘクタールのうち３２５ヘクタールがその跡地だ。

盆地のもう一つの特徴はため池の多さだ。矢上地区に75カ所、中野地区に49カ所あり、同町建設課の和田功農地災害係長は「周囲の山が低く、水が少ない地域なのでため池が多い」と説明する。水が少ない丘陵地を崩すために水をためる堤や水路を数多く造る必要があった。当然ながら鉄穴流

（2015年11月2日付）

鉄穴残丘が点々とする於保知盆地。鉄穴流しによる地形改変の壮大な営みを感じさせる＝島根県邑南町高水の町有宿泊施設「いこいの村しまね」から

し跡の田畑も水は不足がちで、鉄穴用の堤を農業用に転用した。水が少ない地域だからこそ生まれた一石二鳥の知恵だった。

山を崩し、生活空間を切り開いてきた先人たち。鉄穴残丘、田畑、ため池からなる景観は、数百年の歳月をかけて人の手で造り上げた大地の創造物だった。

香木の森の裏山に転がる、鉄穴流しで出た石＝島根県邑南町矢上

◆地形改変・弓浜半島編

日本最大級の砂州形成

北に島根半島、南に大山を望みながら弓ケ浜を歩く。境港、米子両市にまたがる弓浜半島は長さ18キロ、幅3～5キロ、面積は64平方キロ。日本最大級の砂州だ。波打ち際を見つめると、白砂が真っ黒に染まった場所がある。黒の正体は砂鉄。奥日野の花こう岩に含まれていた物が日野川と美保湾を経て運ばれた。この砂鉄の存在こそが、弓浜半島の成り立ちを物語る。

中海側から美保湾側に向かい内浜、中浜、外浜がある中、外浜のほとんどが日野川上流域のたたら製鉄に伴う鉄穴流しで出た膨大な土砂で形成されたことを示す研究成果がある。山口大学の貞方昇名誉教授が外浜の堆積物を調べた結果、大半が花こう岩の砕けた石英や長石で、「かなくそ」と呼ばれるたたら製鉄で生じるかすが含まれていることを突き止めた。

江戸時代から干拓が行われた内浜についても、島根大学の林正久名誉教授が「鉄穴流しで出た土砂を流し込んで田を作る技を用いた」と説く。中海側の粟島は風土記の時代は島だったが、近世の新田づくりにより今は陸続きとなっている。

妻木晩田遺跡がある丘陵から眺めた弓浜半島＝鳥取県大山町妻木

さらに、上流で採取しきれなかった大量の砂鉄は日野川を通じて下流にもたらされ、島根半島を挟んで伯耆と石見の間でユニークな商圏を形成していく。

幕末から明治期にかけて、淀江や小波、赤碕周辺から大量の浜砂鉄が回船に載せられ、石見方面に売りに出された。田儀櫻井家の越堂たたら（出雲市多伎町）をはじめ、百済《くだら》たたら（大田市

（2015年11月16日付）

白砂青松の弓ケ浜を歩くと、奥日野からもたらされた砂鉄を今も観察することができる＝米子市河崎

鳥井町）、宅野たたら（同仁摩町）など日本海側と江川水系のたたらで使われた。回船は伯耆に戻る際に石州瓦を買って帰った。

鳥取藩の文書などを読み解いた松江工業高等専門学校の鳥谷智文教授は「双方ともに利益が得られる取引だった。たたらは砂鉄が欠かせず、伯耆側は冬の寒さに強い石州瓦が必要だった」と考察する。

弓浜半島はかつて、出雲国風土記に「夜見島《よみのしま》」と書かれた島であり、国引き神話に「三穂《みほ》の埼《さき》」を造る際の国土の引き綱として描かれた。古代人が発想した綱を拡大、発展させ、今の姿に完成させた陰の主人公こそ、奥日野で鉄穴流しに従事した人々の営みだった。

弓浜半島の地形図

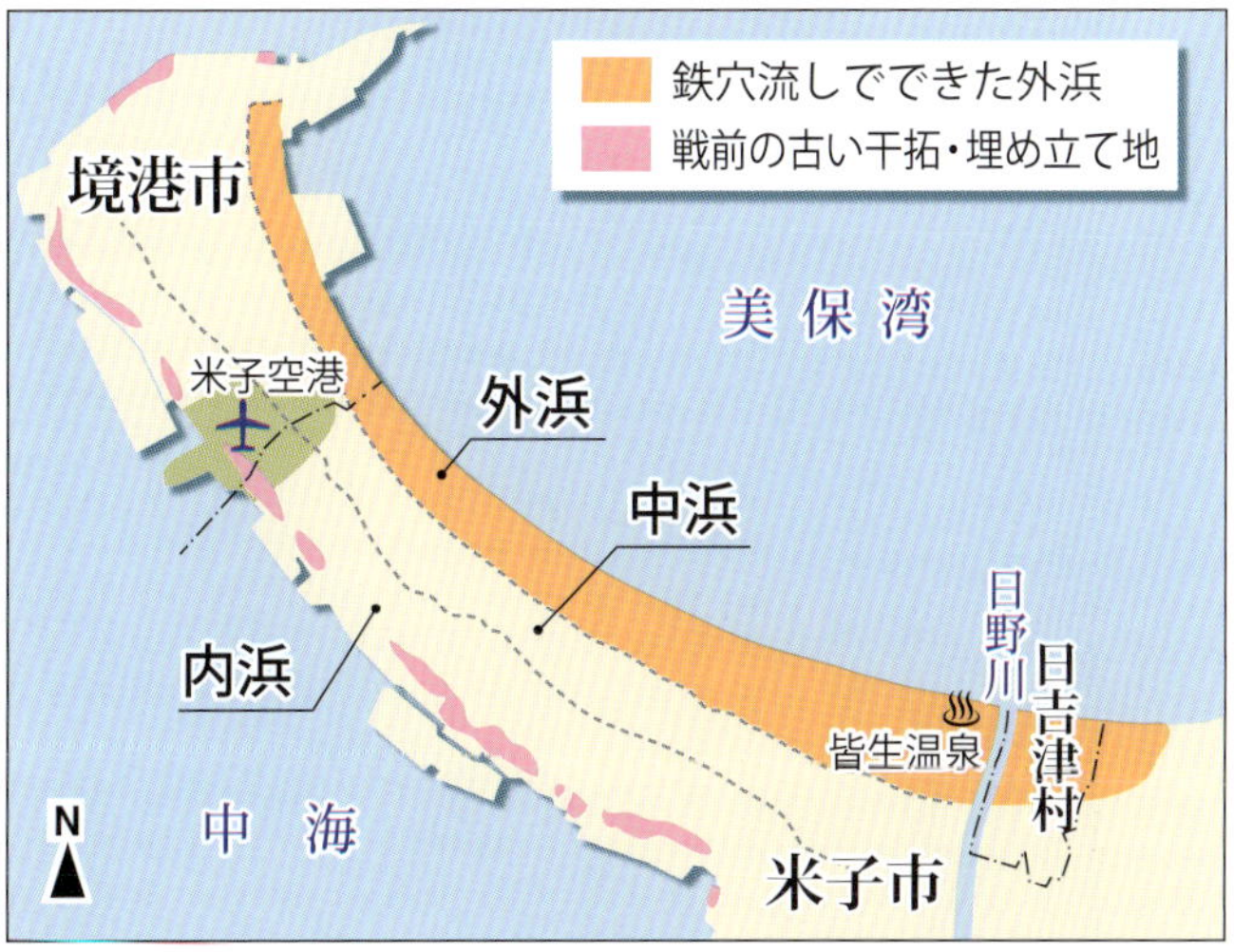

参考文献：「中国地方における鉄穴流しによる地形環境変貌」（北海道教育大学函館校地理学教室　貞方　昇）

◆松江藩と鉄師、森林

資源の「持続」に工夫

2重ループ橋として日本一の規模を誇る島根県奥出雲町八川の奥出雲おろちループを望む。一帯の紅葉と針葉樹の緑が鮮やかだ。「出雲と伯耆、備後3国の国境に近い森林は全て絲原家の山だった。たたらの炭を焼く炭窯が点々とあった」。同所で農業を営む田部美登《よしのり》さん（86）に教わった。

田部さん自身、50年前に炭を焼き、日立金属安来製作所鳥上木炭銑工場の角炉向けに運んだ。冬の大雪でも木を切り、窯に持って行く作業に励んだ。「父から山は繰り返し使うと学んだ。ナラやクヌギを切ると30年かかるけど、自然に芽が出て大きくなるからありがたい」と振り返る。

江戸時代、松江藩の鉄師を担った田部、絲原、櫻井の御三家を筆頭に、たたら製鉄を営むには膨大な量の炭、すなわち広大な森林が不可欠だった。

この森林資源の利用に注目した新たな研究成果が、広島大大学院総合科学研究科の佐竹昭教授（61）によって明らかにされた。キーワードは「持続可能」だ。

たたら製鉄をめぐり松江藩は独自の政策「出雲鉄方法式《てつかたほうしき》」を導入。江戸中期の1726年、領内の鉄師9人、たたら10カ所、大鍛冶場3軒半に限定して独占的な経営を保証した。合わせて鉄師が持つ山に加え他人の山や、村人たちが所有する山で焼かれる炭を買う特権も付与。仁多郡で場所と範囲を細かく決めている。

御三家の古文書を読み解いた佐竹教授は、これらの背景に「藩と鉄師が試行錯誤の末、森林面積に見合った木炭生産に基づく鉄づくりを工夫した。森林資源の配分により、たたらの鉄生産、森林利用とも持続可能となるよう目指した合理的な仕組み」と位置付ける。

具体的には明治期の絲原家の見積もりで、たたら1カ所、大鍛冶場2軒で年間130町歩、30年

（2015年11月23日付）

紅葉に染まった奥出雲おろちループ周辺の山林。かつて、絲原家のたたら製鉄に欠かせない炭が盛んに焼かれた＝島根県奥出雲町八川

伐期で３９００町歩の森林が必要と試算されている。

　現在のように石油や石炭、原子力などがない江戸時代、森林には燃料はもとより、山に生える草を刈り田に敷き込む肥料、建築や造船用の木材といった多様な需要があった。

　たたら製鉄の原料・砂鉄を得る鉄穴流しが進んだ結果、新田が広がり、農民が肥料を求める声が強まった。

　奥出雲に連なる山々を見渡すとき、山林をめぐる多様な利害対立の中で、調整を図りながら限られた資源を活用し、地域全体の存続を心掛けた先人たちの創意工夫が立ち上る。

国内で唯一、本格的なたたら製鉄を営む日刀保たたらで使われる木炭＝2015年2月、島根県奥出雲町大呂

◆たたらとそば

製鉄に伴い栽培拡大

「ゴットン、ゴットン」と水車が回り、島根県奥出雲町でしか採れない在来種「横田小ソバ」が石臼で丁寧にひかれていく。「時間はかかるけれど、際だった甘みと香りを逃さない最良のひき方」。同町下横田で、川西そば工房を営む川西そば打ち倶楽部代表の小池武徳さん（73）が説く。

同倶楽部は、そば好きの有志が地域おこしに生かそうと2004年に設立。工房でそばを提供し、そば打ちも体験できる。集落では「そばのオーナー制度」も運営し、東京や大阪などからも口コミで知った会員が訪れる。小池さんは「近年特に横田小ソバを目当てに県外からのリピーターが増えており、やりがいがある」とうれしそうだ。

「奥出雲のソバはたたら製鉄に伴い栽培が広がっていった。たたらで使う炭を焼くために木を切った後、焼畑をしてソバの種をまいた」。江戸時代、松江藩の鉄師を担った櫻井家第13代の櫻井三郎右衛門さん（92）に教わった。

この言葉と響き合うように、櫻井家には江戸後期の天保といった年号が記された割子の器が数多く伝わっている。大半が四角い木製で、内側に汁とそばを入れ分ける仕切りがある。「25人前の一組は家での普段使い、赤漆を塗ったのは上客用、さらにそば好きだった松平不昧公も用いたとされる殿様用は輪島塗の椀」と櫻井さん。皆でそばをたぐる姿が浮かび上がるようだ。

松江商業会議所専務を務め、島根の民芸運動をリードした太田直行は1938年に「出雲新風土記第一輯《しゅう》 味覚の部」を刊行している。そばの章で太田は出雲では「仁多の八川産が第一」と高く評価。標高の高さや寒暖の差が大きいといった栽培適地としての条件を挙げ、草山を焼いた後にソバの種をまく様子を書き留めている。

島根県立古代出雲歴史博物館の岡宏三専門学芸員（49）は最近、出雲そばに関する最も古い資料を見いだした。出雲大社の神職・佐草家の日記から、大社が遷宮の最中だった1666年、松江藩の役人が神職にそばを振る舞っていたことが分かった。

松江藩松平家初代藩主・松平直政が信濃から入ったため、出雲のそばも信濃からもたらされたとみられる。岡さんは「山の暮らしの中で、そばは作りやすく食べやすい。里山の資源をフルに活用した、たたらにまつわる食文化が今も伝わる意義は深い」と位置づける。

白い花のじゅうたんを広げた横田小ソバの畑。栽培農家らは他品種との交雑を防ぐため、離れた場所にほ場を設けながら在来種を守っている
＝2015年9月、同町小馬木

（2015年11月30日付）

水車小屋でソバの実をひく小池武徳さん。横田小ソバの甘みと香りを逃さないよう、昔ながらの石臼を使ったそば粉作りを続ける＝島根県奥出雲町下横田、川西そば工房の川西ふれあい水車

◆ナラ枯れ

山と人の暮らし切り離され

島根県内に初雪が降った11月下旬、奥出雲町三成の町役場の裏山で樹齢40年以上のコナラが無残な姿をさらしていた。2年前に広葉樹が次々に枯れる「ナラ枯れ」に見舞われた。

ナラ枯れは、体長5ミリのカシノナガキクイムシ（カシナガ）がコナラ、アベマキなど広葉樹を枯死させる現象。無数のカシナガが幹に穴を開けて侵入し、餌になる菌を増やし、菌の作用で木の中で水を運ぶ道管が詰まる。夏場に葉が赤く染まり、やがて全体が枯れる。

県内では１９８６年に益田市美都町で確認され、次第に県東部へ広がり、奥出雲町には２０１０年に到達した。県の集計では03年以降に枯れた広葉樹は7万7千本、失われた資源量は約2万5千立方メートルに上る。

ナラ枯れはなぜ急に増えたのか。飯南町程原で10代から炭を焼いていた安江良夫さん（80）は「炭とシイタケでもうかった時代もあったが、木を切らなくなったのが原因」と話す。

程原は古くはたたら製鉄が行われ、戦後は国有林の広葉樹を切って木炭を焼いた。昭和30年代にガスの普及で木炭が下火になると、広葉樹をほだ木にしたシイタケ生産に切り替えた。

しかしシイタケも輸入品に押され、約30年で再生産する広葉樹の利用のサイクルが停止。伐採されずに残った太い木はカシナガの絶好のすみかになった。ナラ枯れは、山と人の暮らしが切り離されたことを象徴する現象とも言える。

こうした山の異変を学ぶ授業が、出雲市佐田町の市立須佐小学校で行われている。3年生の総合的学習でナラ枯れの原因を通じ、山の役割と暮らしを考える。

11月末には町内の寺尾自治会の協力で、15人の児童が町内で枯れたコナラで炭焼きを体験。木をまき割り機で割り、中から1ミリの幼虫が出てくると「カシナガの幼虫だ！」「気持ち悪い」と声を上げた。

木を炭窯に入れ、窯口を赤土でふさぐ作業も手伝った。長谷川想人君（9）は「木が赤くなるのを何度も見て悲しい気持ちになった。山のことをもっと知りたい」と目を輝かせた。

炭焼き体験をサポートする須佐コミュニティセンターの大崎強センター長（66）は「古里で、山を生かした仕事があったという記憶だけでも残していきたい」と話している。

県東部では今もナラ枯れが広がるが、県西部は減少しており、虫が入っても枯れない耐性の強い木もあった。たたらの時代から山の暮らしを支えた広葉樹は病気に耐えながら、次の世代に生かされる日を静かに待っているように思えた。

炭焼き体験で、大崎強・須佐コミュニティセンター長（左）によるコナラのまき割り作業に見入る須佐小児童＝出雲市佐田町朝原

（2015年12月7日付）

山仕事と疎遠になった森でナラ枯れに見舞われたコナラの木。枝が朽ち、風雪にさらされていた＝島根県奥出雲町三成

◆ポストたたらの木炭

品質の高さで市場席巻

雲南市吉田町の杉戸地区に残る築80年の建物はかつて若者たちが寄宿生活を送りながら、木炭の製造技術を学ぶ「森林道場」だった。

「高い品質を支えたのは厳しい木炭検査だった。抜き打ち検査もあり、煙の出る悪い炭を出さないように気をつけた」と話すのは、同道場を卒業後に教官になった洲浜寿晴さん（79）＝松江市学園南1丁目。島根県邑南町上亀谷に生まれ、20歳で道場に入った。洲浜さんのような若者たちが毎年約20人集まり、約10カ月で製炭技術を習得した。炭焼きの生産者を育てる一方、県の木炭検査員を育てた。

江戸から明治時代に中国山地で隆盛したたたら製鉄は、輸入品の増加や近代製鉄の勃興で、大正時代にほぼ姿を消した。その後の山の暮らしを支えたのが木炭だった。

大きな窯で一度に大量の炭を作るたたら炭は未炭化部分が残る。強い火力が必要なたたらにはかえって良かったが、煙が出るのが難点で、屋内で使う燃料用には不向きだ。木炭として全国に売り出すには、製造法の見直しや、製品の質の向上が欠かせなかった。

関東市場への進出を図るため、大正時代から県内では生産者でつくる同業組合が品質検査を実施。各地で講習会なども行われ、大正末期には木炭の生産量は全国5位になっていた。１９２４年から県が品質検査を始め、戦後には岩手県、高知県と並ぶ「3強」の一角を占めた。戦後のピークだった57年の生産量は11万トン、炭窯は1万9千基、従事者は3万1千人に達した。

「量の岩手に対して質の島根と言って胸を張ったもんだ」と懐かしむのは、今も益田市美都町で炭を焼く尾土井博さん（87）＝益田市虫追町。戦後、炭焼きの基礎を年上のいとこから教わり、杉戸で短期間学んだこともある。今でも、クヌギを使った茶道用の高級炭や竹炭を焼いている。

木炭王国の礎を築いた杉戸の森林道場の建物は田部家が寄贈した。杉戸は大正時代まで田部家が経営した「杉戸たたら」があった場所。ここからポストたたらを支える人材が巣立った。

木炭の生産量はガスの登場で60年代以降、急激に減った。63年の「三八豪雪」も重なり、中国山地から一気に人口が流出。県職員として林業行政に携わった洲浜さんは、木炭検査員制度の条例廃止を担当した。

「炭焼きが少なくなってから50年。外国から安い木材や炭が入ってきて、山に手が入らなくなった」と嘆く洲浜さん。今は県森林インストラクターとして杉戸で学んだ知識や知恵を子どもたちに伝えている。

多くの炭焼き生産者や木炭検査員を育てた旧森林道場の建物。現在は地元営農組合の作業場として使われている＝雲南市吉田町吉田の杉戸集落

（2015年12月21日付）

窯の前に並んだクヌギの木炭。島根の炭焼きはかつて王国の名をほしいままにした＝益田市美都町板井川、山本粉炭工業

◆たどん

小さな「暖」今でも重宝

たどんの残り灰を払いながら掘りごたつの温度を上げる森山眞佐子さん（右）。木炭由来の燃料が今も中国山地の冬の暮らしに息づく＝島根県飯南町頓原

黒く丸められた手のひらサイズの固形燃料が11月下旬、出雲市高松町の丸ヨ商店工場で、今シーズンの出番に備えて整然と並んでいた。木炭の粉（粉炭）とでんぷんを混ぜてつくられた「たどん」。冬になると地元のみならず、北海道や北陸、関東、関西に、たどんという名の小さな「暖」が届けられる。

たどんは江戸時代に、木炭を運搬するときに大量にたまったかけらや粉を手で丸めて固め、再利用したのが始まりとされる。

島根は当時、木炭を燃料にして砂鉄を溶かし、鉄の塊を造るたたら製鉄が盛んだった。たたらのために木炭が生産され、暖房などの燃料としても重宝された。

名残は数字が物語る。島根の２０１３年の粉炭生産量は２９９４トンで全国一。シェアは全国の約3割に達し、大半をたどんが占めるという。粉炭を含む木炭全般でも１９５０年以降、国内屈指の生産地であり続けた。近年の生産量は50年の20分の1程度に減ったが、活用する文化は暮らしの中に今も息づいている。

（2015年12月28日付）

作業小屋の棚にびっしりと詰め込まれたたどん。風にさらして乾燥させる＝出雲市高松町、丸ヨ商店工場

島根県飯南町頓原に初雪が降った11月下旬、森山嘉道さん(77)宅の居間にある掘りごたつでも、たどんが赤く熱を発していた。朝と夜の2回、新しいたどんを入れる。「電気ごたつみたいにすぐに温かくはならないけれど、じわじわと心やすい温かさだね」と森山さん。一度入れれば部屋全体が温まり、エアコンは要らなくなるという。

森山さん宅では、毎年5月終わりごろまでたどんを利用する。妻の眞佐子さん(73)は「思えば1年の半分以上、お世話になっています」と、慣れた手つきでたどんに灰をかぶせ、温度を調節した。

島根が刻んできたたどんの歴史に丸ヨ商店が名を連ねたのは昭和の初め、「炭の生産なら東は岩手、西は島根」と評されていた頃。現社長の笛吹和章さん(74)の祖父で、創業者の与次兵衛さんが「同じ木炭業をやるなら盛んな場所で」と、創業地の福井を離れて移り住んだ。

オイルショック前の最盛期には年間10万袋以上のたどんを出荷。今では1万2千~1万3千袋となったが、販路を広げるため、新たな企画を温めつつある。普通10キロ(55個程度)1袋で販売するところを、12~13個程度で500~600円の手頃な値段で販売。若い人に気軽に体験してもらおうとしている。

「利用が減ったからといって辞めるわけにはいかん。最後まで残って頑張らんと」と笛吹さん。たたらの文化が育んだ全国一のたどん生産地の誇りは今も、じんわりと熱を保ち続けている。

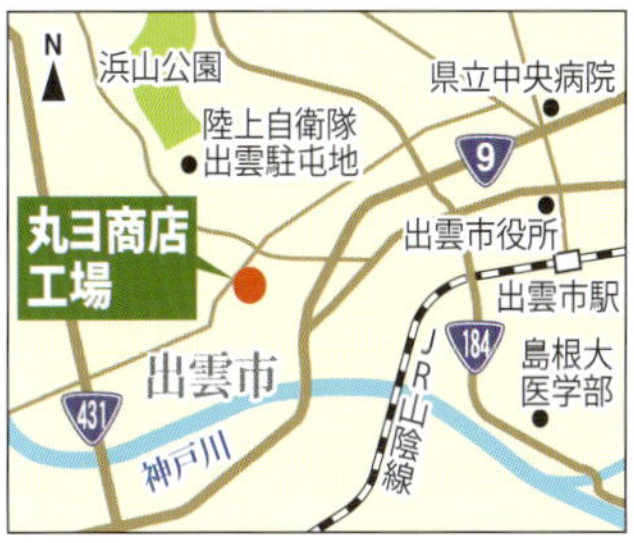

◆足立美術館

始まりは木炭の輸送

横山大観をはじめとする近代日本画と日本庭園で知られる足立美術館（安来市古川町）は、米国の日本庭園専門誌「ジャーナル・オブ・ジャパニーズ・ガーデニング」が企画する日本庭園ランキングで、13年連続1位に選ばれている。

日本一の庭造りを目指したのが、創設者の故足立全康さん。その思いが花開いた中で、全康さんの実業家人生の出発点が木炭運びで、太平洋戦争中にはたたら製鉄で造られた鋼で日本刀を作る会社を経営していた逸話を知る人は少ない。

「雨が降ろうが、雪が降ろうが、広瀬から安来まで大八車で木炭を運ぶのは大変だった、という肉声をよく覚えている。これが商売の原点となった」。全康さんの孫の足立隆則館長（68）が語る。

安来市古川町の農家に生まれた全康さんは1914年、15歳の時から家業を助けるため木炭を運ぶ賃仕事を手掛けた。運搬しながら炭の小売りを思いつき、2倍の収入を稼いだ。帰りには赤貝を持ち帰って売り歩き、もうけを増やして商魂が目覚めた。当時はまだ出雲でたたら製鉄が稼働していた時代。原料の炭も多く焼かれていた。

さらに戦中の43年、時代のニーズを見据えて知人と安来市広瀬町広瀬に株式会社出雲刀剣を創立。軍刀を作り陸軍に納めた。市原たたら（安来市広瀬町西比田）や樋廻《ひさこ》たたら（同町布部）でできた鋼を用いたとされる。会社創設時の記念写真に、陸軍軍人や刀鍛冶とともに帽子をかぶった全康さんが写っている。

「必要な原材料と刀鍛冶の技がそろっていたからこそ日本刀ができた。戦争という不幸な事態だったが当時、出雲は国内で作刀の重要な役割を担った」と、安来市教育委員会文化課文化振興係の高岩俊文主事（37）が位置づける。高岩さんの祖父・高岩幸吉さんは日本刀の研師。東京から出雲刀剣に招かれ、事務員だった広瀬出身の菊枝さんと結婚している。

終戦に伴い軍刀作りは終わりを告げた。全康さんは戦後、横山大観の絵に出合い、感動して作品を収集。1970年、71歳で足立美術館の開館にこぎ着けた。

大山山麓や皆生の浜などの候補地から、最終的に先祖が眠り、自らの生家がある現在地を選んだ。

同館の主庭である枯れ山水庭の美しさには秘けつがある。借景を構成する山々が全康さんが大八車を引いた当時と同じ、炭焼き用の落葉樹のままだ。春に山桜が咲き、深緑から紅葉へと移り変わる。過去から現在、未来へと四季折々の変化が庭園に彩りを添え続ける。

（2016年1月11日付）

周辺の山容を借景に取り込んだ足立美術館の主庭。四季折々に姿を変えるかつての薪炭林が庭園に彩りを添える＝安来市古川町

工場をバックに記念写真に収まる出雲刀剣の関係者。最後列右端が足立全康さん（安来市広瀬町・祖田久弥さん提供）

◆鉄師の社会貢献

私財投じて小学校開設

吉田町生涯学習交流館（雲南市吉田町吉田）に、一枚の肖像画が大切に伝わる。描かれたのは江戸時代、松江藩の鉄師を務めた田部家第21代当主・田部長右衛門長秋。目に力があり、意志の強さを感じさせる。

絵筆を執ったのは、父が吉田町出身で、東京美術学校（現東京芸術大学）を卒業し活躍した洋画家・草光信成。大作の肖像画が掛かる交流館は、田部家が時代の荒波と地域の将来を見据え、人材育成にかけた情熱を物語る。

廃藩置県により基礎を固めた明治新政府は1872（明治5）年、学制をつくり、全国の町村へ小学校の設置を決めた。しかし建設費や教員給料は地元負担で建設が進みにくかった。教育の大切さを思った長秋は74年、私財を投じ私立田部小学校を開設。寺を校舎に充て、田部家の手代や神職らが教師を務めた。当初67人の子どもが算術や習字などを学び、学校は公立になるまで10年間続いた。

さらに日中戦争が起きた1937年、旧吉田小学校が新築された際、長秋の子で第22代当主・田部長右衛門茂秋が土地を寄付した上、自らの山林から良い木材を切り出して校舎を建てた。後に校舎は焼失したものの、講堂は被害を受けず現在、生涯学習交流館として生かされている。

「通っていたころ、講堂に長秋さんの肖像画があった。教育に熱心だったという逸話をお年寄りから聞いた」。旧吉田小の卒業生で雲南市吉田交流センター長を務める藤原文雄さん（69）がこう証言する。

一方、松江藩の鉄師を務めた雲南市大東町下久野の石原市左衛門は1870（明治3）年、暮らしに困った人々を収容する飯田貧院を同町飯田に設けている。前年が凶作で、施設に60～100人を収容し食事を提供した。社会復帰の資金とするよう、わらじづくりなどを指導。医師の陶山信庵も治療代や薬代を無料で奉仕し、たたらで得た収益を注いだ貧院は4年間続けられた。

江戸から明治へと社会が大転換する中、出雲の鉄師たちも苦悩した。鉄価格の下落と米価の上昇に伴い幕末、田部家は松江藩から多額の借金をしている。たたら製鉄を研究する松江工業高等専門

（2016年1月18日付）

人材育成にかけた田部家の情熱を物語る旧吉田小学校の講堂。今も生涯学習交流館として住民に利用されている＝雲南市吉田町吉田

学校の鳥谷智文教授（47）は「経営が苦しい中で社会貢献した事実は特筆される」と注目する。

田部、石原両家に限らず、鉄師は凶作になると銭や米を供出した。地域が危機に陥ったときは、財産を進んで投じるリーダーとしての誇りと自覚をほうふつさせる。

町生涯学習交流館に掲げられた田部家第 21 代当主・田部長右衛門長秋の肖像画。大扉には第 23 代当主・長右衛門朋之がデザインした鳳凰の浮き彫りも残る＝雲南市吉田町吉田

◆石見から出稼ぎ

たたらの終焉で炭鉱へ

たたら製鉄が明治時代まで盛んだった島根県邑南町日貫の鉄穴ケ原《かんながはら》地区の一角に、十数基の墓が並んだ共同墓地がある。このうち4基は2組の夫婦の墓で、墓石には100年前のある出来事が刻まれている。「西山亀助長男　俗名浅次郎三十七才　大正六年十二月廿一日　九州大野浦炭鉱ニテ非常之為死ス」――。隣には「妻・キヨ三十一才」の墓が寄り添うように立っている。

墓に記された「非常」とは、1917年12月21日に福岡県宮田村（現宮田町）の大之浦桐野二坑で起きた爆発事故のことだ。

年月がたつにつれて忘れられていた事故の記録は一人の女性が掘り起こした。

元美容師の石井出かず子さん（87）＝広島市安佐南区＝は1970年代、中国山地の暮らしに興味を抱き、訪れた広島県北部でお年寄りに事故の断片を聞いた。戦前は父の仕事で九州や満州の炭鉱近くで育ったこともあり、事故の全容解明を使命のように感じた。桐野を訪ね、近くの寺で過去帳を調べ、図書館で古い地元紙から犠牲者の名簿を発見。各役場に問い合わせて出身地を割り出した。

調査の結果、犠牲者369人のうち島根県からの出稼ぎが90人で、このうち旧石見町は中野30人、矢上23人、日貫10人、日和6人、井原1人の計70人だったことが分かった。

いずれもたたらが盛んだった地域。明治時代末に北九州の八幡製鉄所の操業でたたらは廃れた。現金収入の道を絶たれた旧石見町の人々は、九州北部の炭鉱へ誘い合いながら向かった。

石井出さんは「爆発後、救出よりも石炭が燃え尽きないように坑道に水を注いだ。命が軽かった時代」と話す。被害者の多くが次男か三男とその妻だった。旧日貫村の資料に、肉親が役場を通じて補償金の額を問い合わせた記録が残る。「人の暮らしが歴史をつくるんです」。中国山地や炭鉱を歩き、庶民の歴史を訪ね歩いた石井出さんの実感だ。

炭鉱事故が起きる2年前の1915年、出雲大社の大鳥居は立った。寄進したのは、邑南町（旧高原村）に生まれた北九州の実業家・小林徳一郎（1870～1956年）だった。

小林は、父親がたたら製鉄で失敗して没落し、16歳のとき単身、福岡県の峰地炭鉱に向かった。地の底で働きながら次第に頭角を現し、建設業に進出して大成功を収めた。父の出身地、奥出雲町横田の稲田神社も再建するなど故郷に錦を飾った。

たたらの終焉《しゅうえん》とともに、稼ぎを求めて炭鉱を目指した石見の人々。その名は、近代化を成し遂げた日本の成功者として、あるいは犠牲者として、歴史の片隅に今も刻まれている。

島根県邑南町出身の実業家・小林徳一郎が建てた出雲大社門前の大鳥居
＝出雲市大社町杵築南

（2016年1月25日付）

九州の炭鉱爆発事故で犠牲になった夫婦の墓。たたら製鉄が廃れ、石見から多くの人たちが出稼ぎに向かった＝島根県邑南町日貫

◆愛知の金屋子

トヨタ発祥の地に鉄の神

「トヨタ」発祥の地、愛知県刈谷市豊田町の豊田自動織機本社工場。整然とした敷地内に、ひときわ清浄な一角がある。長年、グループの繁栄を見守ってきた豊永神社だ。1月8日、近くにある市原稲荷神社の小嶋今興宮司（53）が祝詞を奏上し、創業90周年行事の安全や社業の発展を祈願した後、同社の河井康司執行役員（56）ら13人が玉串をささげた。

豊永神社は1939年5月、織機生産に欠かせない製鉄工場の稼働に合わせて社殿を設けた。祭神は、安来市広瀬町西比田に本社を置く鉄の神・金屋子神社、武運長久の神・熱田神宮、防火の神・秋葉山神社から勧請した。今も毎年例祭を行う。

豊田自動織機は26年、豊田佐吉の発明を基に娘婿の利三郎が創立。そして佐吉の息子の喜一郎が、佐吉の遺志を継ぎ、33年に同社自動車部を立ち上げた。後のトヨタ自動車も刈谷の地で産声を上げ、世界へ羽ばたいた。豊田自動織機も、織機に加えて生産するフォークリフトは今や国内シェア47％を誇り、世界シェア2割（年間約20万台）に達するトップ企業だ。

トヨタグループの原点・刈谷の地になぜ、金屋子神社が祭られたのか。河井執行役員は「豊永神社は第2製鋼工場の完成時に整備された。製鉄や鍛冶の神様である金屋子神を祭ったのでしょう。フォークリフトも自動車もまさに鉄の塊ですから」と説明する。

ただ、金屋子神社を勧請した経緯は今も不明で、一時は金屋子の意味さえ失われていた。2002年、佐吉のおいにあたる豊田芳年・豊田自動織機名誉会長（90）が、金屋子の由来の調査を指示し、安来市の金屋子神社を探し当てた。03年には同神社の安部正哉宮司（93）が豊永神社を初めて参拝した。

安部宮司によると、金屋子信仰は中国地方と兵庫県のたたら場、鍛冶屋に限られる上、愛知県の隣の岐阜県垂井町に金属の神として全国に信者を持つ南宮大社がある。安部宮司は「大正時代に中国地方でたたらが絶え、仕事を失った鍛冶職人たちが金属加工の技術を必要とした豊田に雇われ、金屋子信仰を持ち込んだのではないか」と推測する。たたらの終わりを境に、職人たちが金屋子神を抱いて新天地に向かう姿が目に浮かぶようだ。

明治以前は1200カ所に金屋子神が祭られたと伝わるが、大正時代以降は次第に信者が減少した。ところが近年、インターネットなどで情報を得て、新たに分霊を求める製鉄関係の企業が増え、今も約200社が熱心に信仰している。

「信じる者は強い」と安部宮司。佐吉の精神を受け継ぐ豊田綱領には「神仏を尊崇し、報恩感謝の生活を為すべし」の一文が残っている。

（2016年2月1日付）

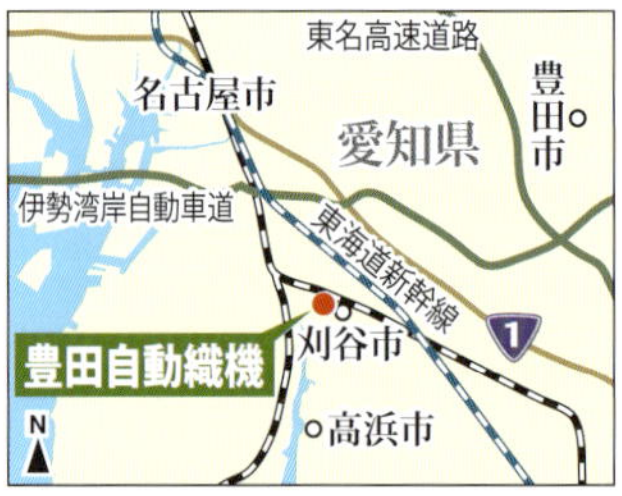

豊田自動織機が50年連続で国内販売シェア首位を守り続けるフォークリフト生産事業の中核施設・高浜工場＝愛知県高浜市豊田町2丁目

金屋子神を祭る豊田自動織機本社工場内の豊永神社。鉄の神への尊崇が、今もトヨタ発祥の地で大切に受け継がれていた＝愛知県刈谷市豊田町２丁目

◆継承された技

廃絶の荒波越え脈打つ

島根県奥出雲町大呂の日立金属安来製作所鳥上木炭銑工場には、2基の角型溶鉱炉（角炉）が大切に保存されている。1934（昭和9）年と51（同26）年に築かれ、いずれも国の登録有形文化財。操業できる状態で伝わる。

江戸末期、最盛期を誇ったたたら製鉄は、外国産の安い洋鉄におされ、鉄価格の暴落などにより大正期に炎が消えた。

だが、鳥上の地では18（大正7）年、砂鉄と木炭を原料に銑鉄を造るたたらと、洋式製鉄を組み合わせた角炉の技術を導入。たたらは操業ごとに炉を壊すのに対し、耐火れんがを用いた角炉は連続操業が可能となった。

さらに日本が大陸に勢力を伸ばし戦火が広がった昭和期に、軍刀の需要が高揚。良質な砂鉄に恵まれた鳥上では33（昭和8）年、同工場の隣接地に靖国たたらが築かれ、盛んに鋼が造られた。

「戦争という不幸な時代状況の中でも、先人たちが創意工夫の努力を重ね続けたからこそ、たたら製鉄と日本刀を作る技が今に伝わった」。安来市教育委員会文化振興係主事で和鋼博物館学芸員の高岩俊文さん（37）が説く。

靖国たたらで注目されるのは安部由蔵村下《むらげ》（故人）の存在だ。安部さんは地元奥出雲町竹崎出身。松江藩の鉄師を務めたト蔵家の原たたらで13歳から働いた経験を生かした。靖国では軍刀に限らず軍艦などに向けた大量の鉄を不眠で造った逸話が残る。

靖国たたらでの操業は終戦に伴い45年に終了。たたらは2度目の終止符を打ったが、安部さんが健在だったことが、77年の日刀保たたら復活につながる。

「おやじがいなければ、復元は不可能だった」と語るのは安部さんの娘婿で、日刀保たたらで村下を担う渡部勝彦さん（77）。日刀保たたらは日本刀を伝え、原料の玉鋼を造るため日本美術刀剣保存協会が靖国たたらの場所に、その地下構造を利用して設けた。

しかし、安部さんは当初気乗りがしなかった。もう一度、たたらをやりたい半面、技に自信が持てなかった。靖国から日刀保までのブランク期間は32年と、原たたらから靖国までの約3倍におよ

（2016年2月8日付）

大正から昭和期の奥出雲製鉄史を伝える日立金属安来製作所鳥上木炭銑工場の角炉（左側）。手前のれんが造りが１号炉、奥の鉄板造りが２号炉＝島根県奥出雲町大呂

んでいた。それでも76歳だった安部さんは周囲の要請に応え、弟子の久村歓治さん（故人）と挑戦。試験操業の失敗を経て、本操業を成功させ「これでいつ死んでもいい」と漏らした。

たたらの技は安部さんと久村さんから日刀保の木原明村下（80）と渡部村下に引き継がれ、後継者が育っている。その炎は2度にわたる廃絶の荒波を越え、鳥上の地はたたら製鉄のまほろばであり続ける。

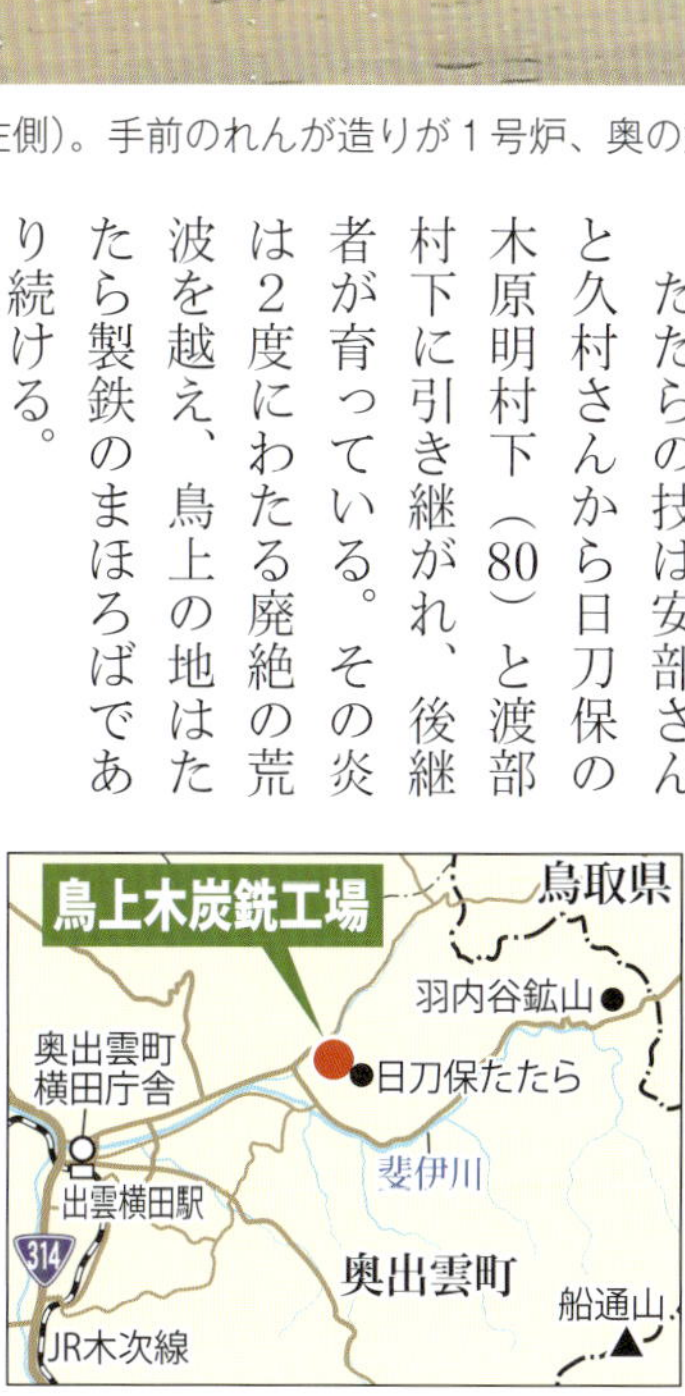

焦げ茶色の鋼板葺き建屋が山里の風景に溶け込む日立金属安来製作所鳥上木炭銑工場＝島根県奥出雲町大呂

◆刀剣女子ブーム

魅力を伝え文化継承

「バサッ、バサッ」。奥出雲たたらと刀剣館（島根県奥出雲町横田）で1月下旬に開かれた「抜刀会」。しんしんと雪が降る中、鋭く光る日本刀が振られ、冷気を切り裂いた。

「すごい……」「かっこいい」。4人の若い女性が息をのんで見入り、演武の合間にささやき合った。友人と初めて訪れた専門学校生、佐伯美幸さん（20）＝奥出雲町下阿井＝は「本物の刀をこんなに間近で見られて感激」と興奮気味に話した。

男性の愛好者が多かった日本刀に、若い女性の視線が注がれている。その名も「刀剣女子」。インターネットで楽しむゲーム「刀剣乱舞」などの流行がきっかけになった。全国的に関心が高まり、実物を鑑賞しようと博物館や鑑賞会に足を運ぶ人も多い。

奥出雲には、日本刀の原料になる玉鋼を唯一造り、全国の刀匠に供給している日刀保たたら（同町大呂）がある。抜刀会は、地域が支えている日本刀の文化と魅力を肌で感じてもらおうと、地元の愛好者たちが約20年前から開いてきた。メンバーの一人、吉原安夫さん（54）は「少しでも日本刀に興味を持ってほしい」と話す。

同じ思いを各地の刀匠たちも胸に抱く。刀剣女子ブームに乗り、ファンの裾野を広げたい全日本刀匠会事業部は、ゲームやアニメと日本刀を組み合わせた若者向けのイベントを次々に開催。理事の坪内哲也さん（56）＝岡山市＝は「着実に新たなファンを増やしている」と喜ぶ。

活動の陰には、刀匠たちの危機感がある。日本美術刀剣保存協会（日刀保）が運営する刀剣博物館（東京都渋谷区）の黒滝哲哉たたら・伝統文化推進課長（53）によると、博物館の来館者数や年齢層は広がりつつある。ただ、近年は刀匠が造る新しい刀の需要は増えてはいないという。

「日本刀への『入り口』はアニメでもゲームでもいい。今の動きが孫の代に花開くと信じている」。全日本刀匠会の三上高慶会長（60）は、需要を掘り起こして日本刀の文化を継承するためには、息の長い取り組みが必要だと説く。約30年前から、1月になると日刀保たたらを訪れて操業に携わり、玉鋼に自らの思いを吹き込むのも、そんな考えからだ。

（2016年2月22日付）

抜刀会での迫力ある剣さばきに熱い視線を注ぐ女性たち＝島根県奥出雲町横田、奥出雲たたらと刀剣館

元来、人を攻撃するための武器を美術品として大切にする文化は、世界でも珍しいという。刀匠や愛好者たちが起こし続ける新風を受けて引き継がれ、たたらの火は奥出雲で燃えさかる。

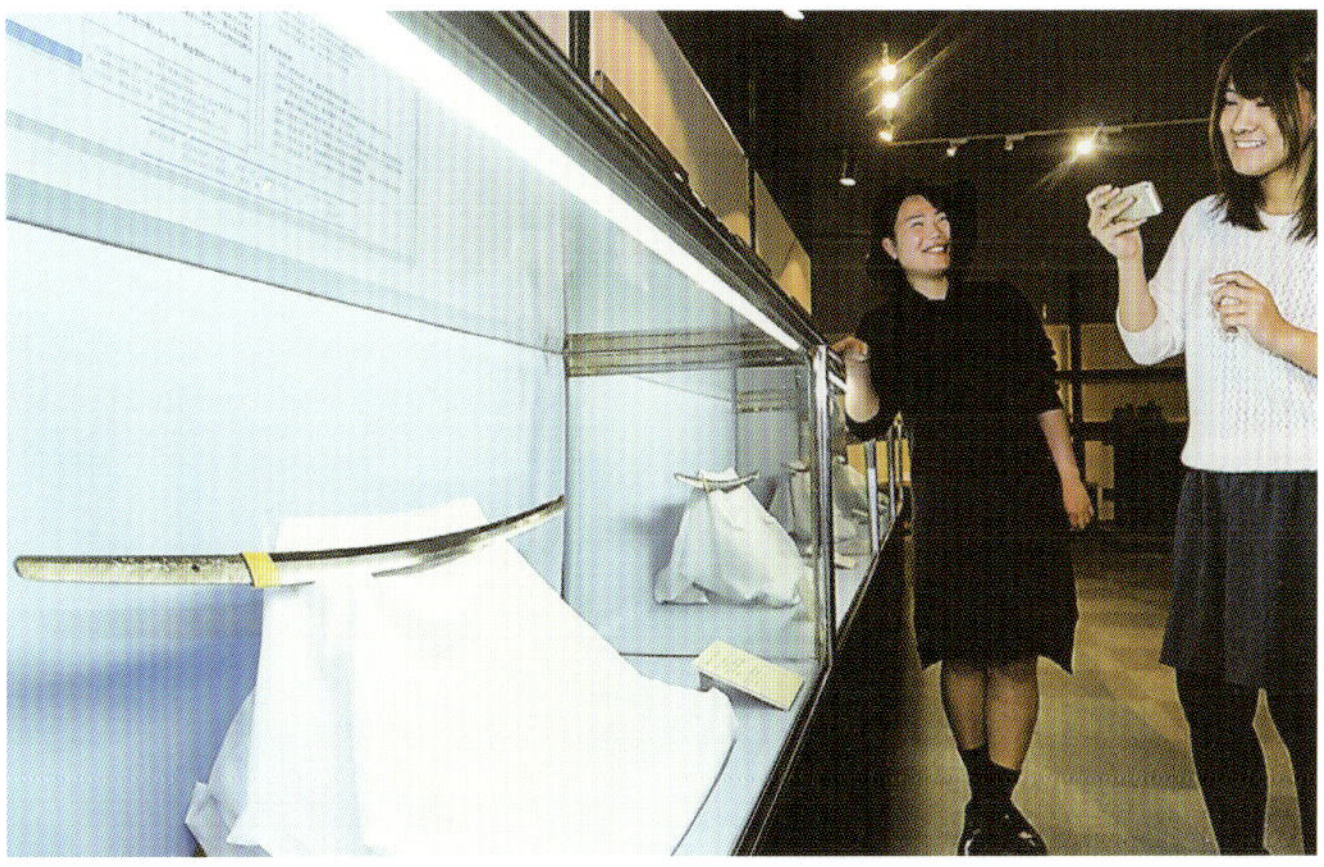

奥出雲たたらと刀剣館の展示品。地元出身の川島忠善や日刀保たたらで玉鋼の生産技術を学ぶ刀匠らが手掛けた刀が並ぶ＝島根県奥出雲町横田

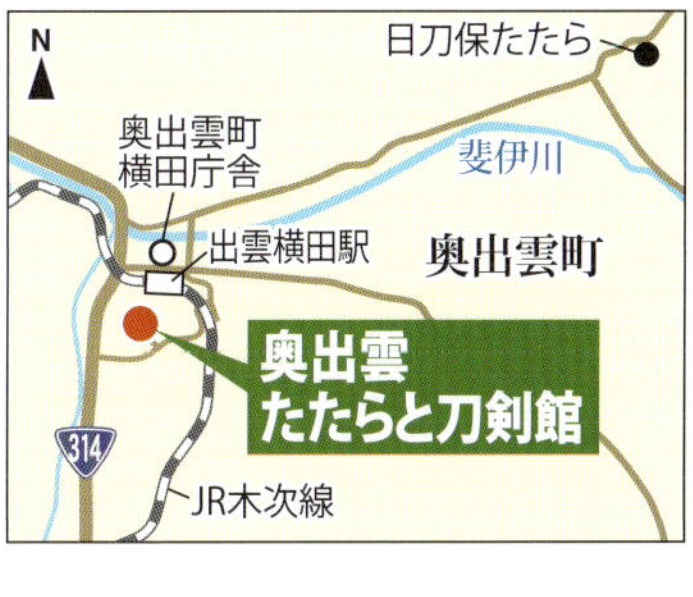

◆三条刃物

切れ味支える「安来鋼」

ガス炉で真っ赤になるまで熱した鉄の塊をスプリングハンマーでたたくと、焼けた鉄片が薄暗い作業場に飛び散った。新潟県三条市の住宅街にある工房で、伝統工芸士の日野浦司さん（59）が、同じ作業を2度、3度と繰り返す。三条刃物の生命線とも言える「火造り」の作業だ。

刃物の胴体部分に軟らかい鉄を使い、刃の部分に鋼をかぶせるように接ぐ。軟鉄が折れにくい強度を生み、硬い鋼が切れ味を与える。用いる鋼は日立金属安来工場（安来市飯島町）の高級特殊鋼・ヤスキハガネ。「ヤスキハガネを使っていることが三条刃物のブランド」。雲南市でたたらを体験した日野浦さんは、材料への尊敬を込めて、最も得意とするなたに屋号の「味方屋」とともに「安来鋼」と銘を刻む。

三条は、信濃川の水運に恵まれ、近くに砥石《といし》の産地を抱え、古くから金属加工が育った。特に大工道具や山仕事の道具は評価が高く、和くぎ、かんな、なた、包丁、まさかり、ヤットコ、切出小刀、鎌、木ばさみ、のみの10種類で国が認める伝統工芸士がいる。隣接する燕市とともに、金属加工業の集積は全国でも屈指の存在だ。

三条とたたら製鉄の盛んだった山陰との関係は、日本海の水運が発達した江戸時代以降深まった。新潟県史などによると、幕末の1862年に新潟県出雲崎町の問屋・多助が記した文書には、松江の慶助、猪目浦の平七ら松江藩内の7軒の問屋から鋼や鉄を購入し、三条の問屋・弥助らに卸したことが記されている。

取引の記録は数多い。雲南市吉田町の鉄師・田部家が大量に北陸に移出。さらに明治中期には、大田市鳥井町の石田家が経営した百済たたらの生産量の半分が北陸以北に送られた記録も残る。松江工業高等専門学校の鳥谷智文教授は「江戸末期から明治初期は鉄需要が全国で高まった時期で、相当の量が北陸や新潟に運ばれ、鉄の加工業を支えた」と話す。

その後もたたらを受け継いで安来市に設立された雲伯製鋼や、その流れをくむ日立金属安来工場が刃物に適した鋼を供給し続けた。

最近は、三条の刃物も、大工の減少や林業の衰退で国内販売は苦戦するが、海外で人気が高まっ

（2016年2月29日付）

ヤスキハガネが鍛接された鉄をたたきながら、手際よく包丁を成形していく日野浦司さん。たたら製鉄にルーツをたどる高級特殊鋼が三条刃物の職人技に生きる＝新潟県三条市塚野目１丁目、日野浦刃物工房

ている。伝統工芸士で、のみ鍛冶の田齋明夫さん（76）の元には、息子と2人の手仕事では製造が追いつかないほどの注文が海外から届く。「ヤスキハガネは一度研いだら切れ味がとまらない」と、品質にほれ込む。

海外の刃物展示会を何度も見てきた日野浦さんも「日本の刃物は世界一。それを支えるのがヤスキハガネ。これからも作り続けてほしい」と願う。

山陰から遠く離れた刃物の町には今も、たたらの時代からから受け継がれてきたブランドと信頼がしっかりと根付いていた。

のみの刃にコの字形に巻き込まれたヤスキハガネ＝新潟県三条市塚野目４丁目、鑿鍛冶田齋

◆ハガネの町

「誠実美鋼」の精神継承

ＪＲ安来駅の南側に位置する日立金属安来工場山手工場（安来市安来町）内の山上に、製鉄の神に祈りをささげる金屋子神社が祭られている。拝殿には３００年以上前に造られた野だたらの鉧《けら》が供えられ、工場全体を守護する聖域となっている。近くの金屋子展望台からは、山手工場を手前に江戸時代から鉄の積み出し港として栄えた安来港や十神山、同工場の海岸工場が一望できる。「ハガネの町」を象徴する景観だ。

「たたら製鉄はわれわれにとってルーツであり、心の支え。真剣に仕事に向き合わないと良い鉄ができない。『誠実美鋼を生む』という精神を受け継いでいる」。安来工場の和田知純副工場長（54）がたたらへの思いを込める。

日立金属安来工場の発祥は１８９９年、奥出雲のト蔵家や安来市広瀬町の家島家、奥日野の千代家といった鉄山師らが安来に設立した雲伯鉄鋼合資会社だ。同社は奥出雲のたたらでできた鉄を北陸や四国などに売り、１９０４年には現在の山手工場に鉄の加工設備を設けている。

さらに、洋式製鉄の導入などで終息を迎えた、たたらの炎が１９７７年、島根県奥出雲町大呂の日刀保（日本美術刀剣保存協会）たたらで復活した際は、技術と人材両面で支えた。日立系列の鳥上木炭銑工場の社員だった木原明さん（80）と渡部勝彦さん（77）が、技師長に当たる村下の安部由蔵さん（故人）から技を受け継ぎ、２人は現在村下として次世代を育成している。

日立金属安来工場で生産される特殊鋼・ヤスキハガネは、スクラップなどの鉄材を高級特殊鋼としてよみがえらせる。全世界で使われているかみそりの替え刃材などとして、世界のトップシェアを占める。

最先端の工場内で、たたらと同じ原理の工程があるのが興味深い。溶けた鉄の表面に浮き出す、ノロと呼ばれる不純物を除去する作業だ。作業者がＴ字形の工具を用い、人力でかき出す。たたら製鉄の操業で、炉からノロを排出するのと共通する大切な仕事だ。

毎年冬、日刀保たたらが操業する際は、安来工場の若手エンジニアたちが補助員として参画する。

（2016年3月7日付）

山陰両県のたたら経営者が興した会社を起源に持つ日立金属安来工場がある安来市。山手工場（手前）と海岸工場（左奥）に囲まれるように街並みが広がる

和田副工場長は「村下は木炭や砂鉄といった原料を厳しく見定め、炎を見つめる。村下の探求心をはじめ、集中力やチームワークなどを学んでほしい」と願う。

安来工場では今後、さらに特殊鋼の中でも航空機エンジン部材といった高級製品の生産を目指す。たたらに息づく、ものづくりの精神は過去から現在、未来へと引き継がれる。

山手工場を見渡す山上に祭られた金屋子神社＝安来市安来町

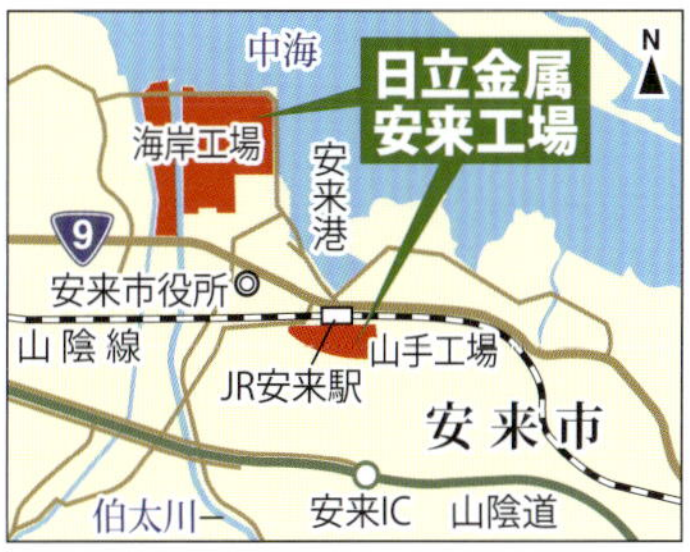

◆和鋼博物館

郷土の遺産今にとどめる

江戸時代から明治時代前期に、鉄の積み出し港として安来港が栄えた。奥日野や奥出雲などから運ばれた鉄が、港を通じて船で国内各地に運ばれた。そうした港の隣接地に、たたら製鉄の歴史と文化、技術を紹介する和鋼博物館（安来市安来町）がある。国内で唯一のたたらの総合博物館で、源は和鋼記念館にさかのぼる。

記念館は日立製作所安来工場（現日立金属安来工場）が１９４０年、皇紀２６００年記念事業として設立を企画。太平洋戦争の戦時中にもかかわらず、中国山地でたたらを操業した経営者らに広く協力を仰ぎ、資料を集め46年、安来町に開館した。作家の司馬遼太郎さんも訪ね「街道をゆく　砂鉄のみち」で紹介している。93年に移転し博物館として新たに船出した。

「たたらの系譜を引き、砂鉄を原料に鋼を造る角炉が全盛の時代。安来工場の人たちにとって、自らの鋼のルーツはたたらという意識が強く、自分たちが記念館を造るのが当然という使命感と、放置しておくと、衰退したたたらの資料が失われる危機感があった」。安来市教育委員会文化課主事の高岩俊文さん（37）が設立時の背景を説く。

和鋼博物館の1階に、たたら製鉄の高殿内の操業現場が分かりやすく展示されている。明治から大正期、島根県邑南町の若杉たたらで使われた天秤鞴《てんびんふいご》や、奥出雲町の靖国たたらなどで用いられた道具類２５０点は国の重要有形民俗文化財に指定されている。

記念館、博物館を通じて館名に抱く「和鋼」は浜田市出身の俵国一・東京帝大名誉教授（故人）が命名。博士は冶金学を修めた上、日本刀の作刀とたたら製鉄に初めて科学のメスを入れ館の建設に尽力した。

和鋼博物館では安来市内の小学生が地元の産業史を学び、日立金属安来工場の来訪者が足を運ぶ。「たたらは郷土が誇る遺産。明治20年代まで、中国山地で日本の鉄の8割以上が造られた。島根には今も世界で独自な鉄造りがあると、多くの人々に知ってほしい」。同館の伊藤正和館長（65）の言葉が熱を帯びる。

（2016年3月14日付）

若杉たたらの天秤鞴や操業道具など一級の史料が並ぶ和鋼博物館。国内唯一のたたらの総合博物館として、鉄づくりの歴史を守り伝える＝安来市安来町

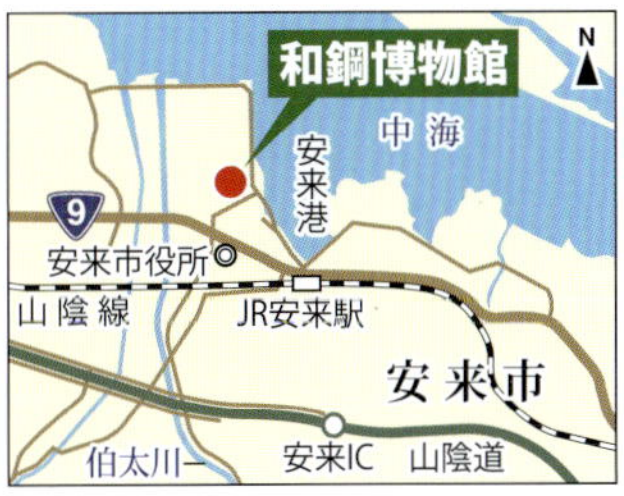

和鋼博物館。日立製作所安来工場が企画した和鋼記念館から出発した＝安来市安来町

これがたたらだ!!

世界で唯一、たたら製鉄を続けている島根県奥出雲町大呂の日刀保（日本美術刀剣保存協会）たたらは、日本刀の原料となる品質の高い玉鋼を製造している。山の土から採れる「砂鉄」と、木を焼いて作る「木炭」と、炉を造る「土」など自然界に存在する原料を巧みに使い、理にかなった昔ながらの製法を、村下《むらげ》（技師長）を中心に今も大切に守っている。たたらのメカニズムを紹介する。

たたら製鉄の仕組み

砂鉄は、自然界では酸化鉄の状態で存在している。酸素の流入が制限された炉内で木炭が燃えると、一酸化炭素が発生して、砂鉄と反応。酸化鉄から酸素が離れる「還元」が起き、純粋な鉄になる。

炉の内壁の形状は当初は底になるほど狭くなり、底の幅は15センチほどの溝状になっている。その後、玉鋼を含む鉧《けら》は次第に成長していくが、同時に砂鉄に含まれる不純物が炉壁の土と反応。壁面を溶かして「ノロ」と呼ばれる鉄滓《てっさい》となり、炉の下部に開けた穴から順次炉外に出ていく。つまり、「鉧の成長」と「炉壁の溶融」が同時に進行しているのだ。

村下は炉の脇に開けた「ホド」に道具を突き刺して内部の状況を分析。鉧の大きさや状態を見極めた上で、砂鉄の投入場所を調節している。

村下の木原明さん（79）には、鉧が成長するときに発する「ジジッ、ジジッ」という音が聞こえる。炉内は炉心部で1400度以上に達する。高温を保つ秘訣は「風」だ。炉の左右に20カ所開いたホドに真竹で作った「木呂《きろ》管」を通じて、空気を送り込む。「フー、フー、フー」。送風機が刻む一定のリズムは3昼夜にわたって続く。

3昼夜（一代《ひとよ》）の操業で、砂鉄約10トン、木炭12トンを使い、2・5トンの鉧ができ、玉鋼が採れる。

（2015年3月23日付）

土

土で築く炉（釜）の内壁は、砂鉄の一部と反応しノロ（鉄滓）として排出される。砂鉄中の不純物をからめ取る“消化促進剤”の役割を持ち、炉は下部ほど厚く造られる。たたら操業で重要な要素を挙げた言い伝え「一土、二釜、三村下」の通り、粘りと強度を兼ね備えた土は、技術力に優れた村下にも勝るとされた。

木炭

細かく砕いて30分ごとに投入。1回の操業で約12㌧を使用する。炭の大きさによって砂鉄が炉の下部へ落ちる速さや量、炉内の反応状況が変わるため、小割り作業は中級の村下養成員が担当する。奥出雲町内の樹齢30～40年の広葉樹が原料で、村下養成員が日刀保たたら敷地内にある専用の炭窯で1年をかけて準備する。

風

炉内を巡る風は、炉の片側に20本ずつ開けたホドから送られる。村下らはホド穴から炉内をのぞき、火の回り方や鉧の成長ぶりを確認。送風管の木呂は、日刀保たたら近くで採れた真竹で作られる。

砂鉄
「種鋤」と呼ばれる道具で1回4キロすくい、30分ごとに15～20回投入する。一見単調な工程だが、鉧の成長度合いを見極めて投入する位置や量を加減するには、熟練の技能がいる。作業場には炉に見立てた木製の練習台があり、若い村下養成員が腕を磨く。
種《たね》鋤《すき》
砂鉄
炭
炭
800度
砂鉄
日刀保たたら
炉の断面図
炉壁
1200度
20本のホド
炉壁の浸食
1450度
吹子より
送風
木呂管
鉧《けら》
鉧の成長
15cm
幅1.2m

絵巻物で見るたたらの工程

先大津阿川村山砂鉄洗取之図

「先大津阿川村山砂鉄洗取之図」（東京大学工学・情報理工学図書館工3館図書室所蔵）は、江戸時代末期に長州藩営の「白須たたら」（現山口県阿武町）の全工程を描いた絵巻物で、全長46メートルに達する。原料の調達から製品の完成まで、一連の作業が詳しく描かれた貴重な資料だ。この絵巻物を展示した企画展「たたら製鉄と近代の幕開け」の図録（島根県立古代出雲歴史博物館発行）を参考に、たたらの工程を絵図で紹介する。

① 切羽・井手

たたら製鉄の原料となる砂鉄は、山を切り崩して採取する。山の上に堤を造って水をためて、井手（用水路）に水を流す。この水の勢いで、切羽《きりは》（採掘場）で採掘した土を押し流す。切羽での作業は危険が伴い、時には土砂崩れの事故も起きた。

② 砂鉄の採取と運搬

切羽より下流で、土を含んだ水が流れる用水路を走《はしり》と呼ぶ。長さは数キロに及ぶ場合もある。「比重選鉱」は比重が軽い砂を水で流し、比重が重く水底に沈んだ砂鉄を採取する。絵図ではより分けた砂鉄を馬で運搬する様子も描かれている。

③ 浜　砂　鉄

海岸部の砂浜で採取される「浜砂鉄」。島根県内では、江津市など江の川の下流域にあたる日本海沿岸部で、浜砂鉄が採取された。

④ 炭　焼　き

製鉄に用いる木炭を「大炭」と言い、窯を作って焼いた。炉内での燃焼で発生する一酸化炭素に、砂鉄（酸化鉄）を還元する作用がある。マツ、クリ、マキなどの太いものが良いとされる。大鍛冶場で使う炭は「小炭」と呼び、製造法も異なる。

⑤ 高　　殿

中央の「タタラフキ屋」が、製鉄が行われる高殿《たかどの》。高殿の前には炉でできた銑を冷やす池があり、手前の山は鉄滓を捨てた場所になっている。高殿を中心とした製鉄を行う集落は「山内《さんない》」と呼ばれた。

⑥ 製　　錬

中央の長方形の土で作った製鉄炉（釜）に、村下が「種鋤」を使って砂鉄を投入している。製鉄炉の両側には天秤鞴《てんびんふいご》が配置されており、「番子」が踏んで、製鉄炉に風を送っている。炉の手前には、炉に炭を入れる準備をしている人の姿も描かれている。

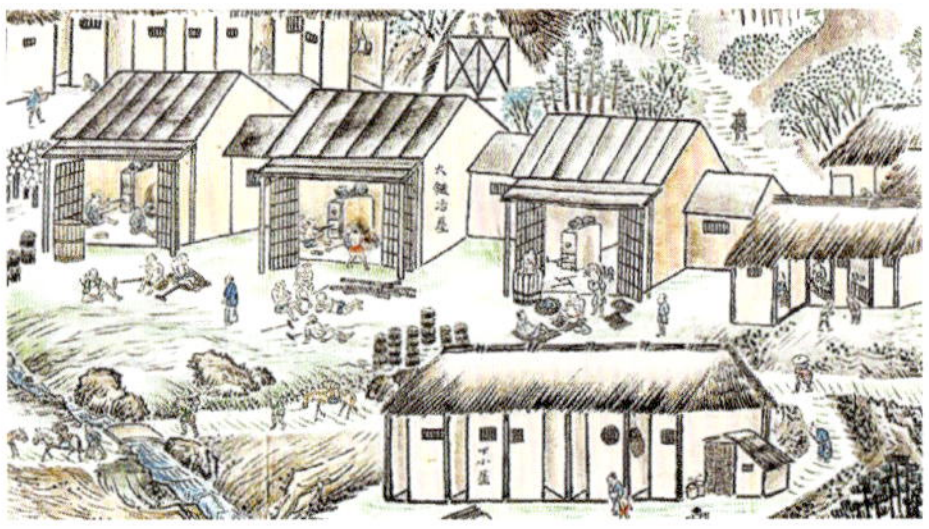

⑦ 大　鍛　冶

高殿で作られた銑などから、鉄素材の「包丁鉄」を作る作業場。中央に3軒の「大鍛冶屋」が並んでおり、真ん中の大鍛冶屋の前の棒状のものが包丁鉄。大鍛冶屋の中では、手押しで送風する「吹差鞴《ふきさしふいご》」が描かれている。手前の「下小屋」は労働者の住宅。

地下3メートルに広がる床釣

砂鉄を製錬するため、たたらの炉内を1500度もの高温に保つには「床釣《とこつり》」と呼ばれる地下3メートルに達する巨大な地下構造が必要になる。

地下構造には、製鉄炉（釜）から地下に逃げる熱を遮断する「保温」と、地下からの湿気を防ぐ「防湿」の二つの効果がある。

炉の直下には木炭を敷き詰めた「本床《ほんどこ》」がある。その下層部には砂利や木炭などを何層にも敷き詰め、最下部に排水溝を設ける。本床の左右には、トンネルのような構造の「小舟《こぶね》」が設置される。

本床と小舟の高さが同じものが「同床型」、本床の底面が小舟の底面よりも高いものを「高床型」と呼ぶ。島根県は高床型が多くみられ、同床型は鳥取県や岡山県に広がる。

日刀保たたらでは2015年の操業を前に、38年ぶりに床釣を改修した。

たたらの地下施設の模型＝島根県奥出雲町横田、奥出雲たたらと刀剣館

1972年まで砂鉄採った三沢（奥出雲）

1972年まで、山を切り崩して製鉄の原料の砂鉄を採取する鉄穴《かんな》流しが営まれた島根県奥出雲町三沢地区は、作業に従事した30人が今も健在だ。往時を語る当事者の話や古い写真から、鉄穴流しが今も人々の心に息づいていることをうかがい知ることができる。

三沢地区には、現在も鉄穴残丘の近くに「鉄穴」「鉄穴内」などの地名、屋号が残る。同町鴨倉の源幸栄さん（79）の畑も、元は櫻井家に砂鉄を納める鉄穴場だった。戦前の写真には、砂鉄を比重選鉱する水路横で祖父・勇助さんが当時の櫻井家当主とともに写っている。

当時、源さんは小学生。自宅は春の鉄穴仕事終了後の打ち上げの場になった。「『きょうは櫻井のだんさんが来る』と一張羅を着せられ、子どもながらに気恥ずかしかった」と記憶をたどる。

畑の脇には、櫻井家が建てたという鉄の神・金屋子神のほこらがある。「祖父や父が頭を下げる姿を見て育った」。老朽化したため、自費で修理。野良仕事に出掛けると必ず手を合わせる。

雲南市木次町山方の松本儀江さん（83）は若い頃、砂鉄の引き上げに従事した。大量の砂鉄が採れたことを指す「大抜け」の時、住民の喜ぶ姿を思い出す。

冬場の仕事はつらかったが「近所にお嫁に来た仲間と休憩小屋で昼食の暖を取り、互いのおかずを交換するのが楽しみだった」と懐かしむ。

戦前の三沢地区で営まれた砂鉄の比重選鉱。砂鉄を「おい箱」に背負って運ぶ女性の隊列が奥に見える。左側の帽子をかぶった男性は源幸栄さんの祖父勇助さん（吉川佳司さん提供）

三沢地区で砂鉄の比重選鉱が行われた場所の現在の姿。かつて水路のあった辺りに農業用水路が整備され、左上に生活道が通っている＝島根県奥出雲町鴨倉

鉄穴流しで採集した砂鉄の引き上げに従事する女性たち。右が松本儀江さん（1961年撮影、友塚喜男さん提供）

と水運

「鉄のまほろば」は、石見にもあった―。江戸時代の石見は、出雲にも劣らない「製鉄王国」を築いていた。浜田市や邑智郡を中心に採れる良質な砂鉄があり、燃料の木炭になる森林資源は全域に広がっていた。生産された砂鉄は、「石見銑《ずく》」と呼ばれ、北信越や東北、九州、大阪に送られるほどの全国ブランドだった。鉄の運搬を支えたのは大田市などを拠点とする「石見船団」とも言える帆船群。海を駆け巡り、鉄を売りコメを買い付けた。平地が少なく、コメの生産力に劣りながらも、たたらと水運で暮らしを切り開いた往時の石見を紹介する。

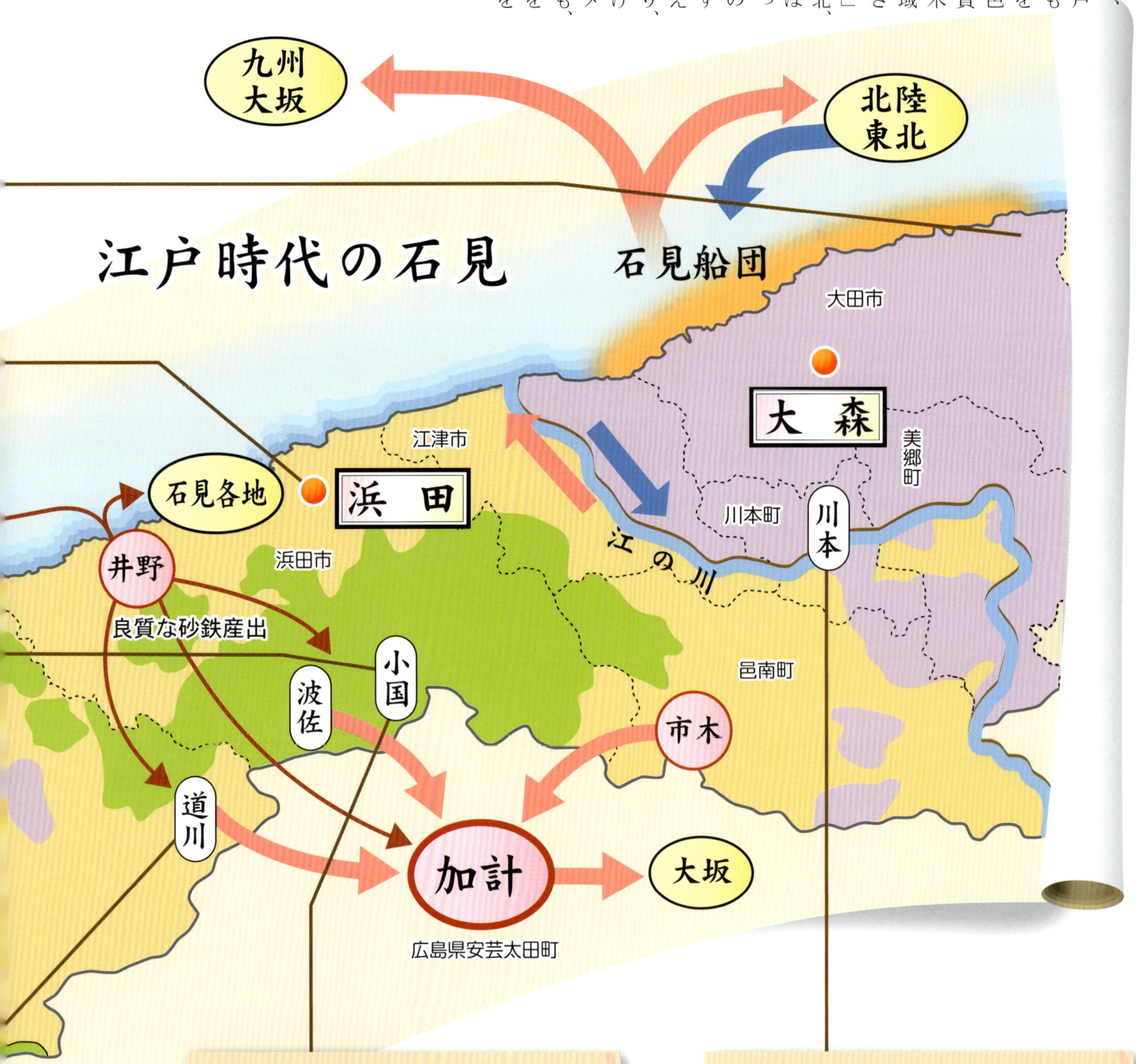

島村抱月の碑

島村抱月は1871年、浜田市金城町小国生まれ。生家の佐々山家はたたらをなりわいとし、祖父・一平は同町波佐の長沢たたらで村下《むらげ》を務めた。父のたたら経営失敗で苦学することになった抱月だが、後に芸術座を立ち上げ、近代演劇の祖と言われた。

創天秤鞴記《てんびんふいごをはじむるのき》

江戸時代に誕生した足踏み式送風施設「天《てん》秤鞴《びんふいご》」は製鉄炉への送風力を向上させ、鉄生産量を飛躍的に増大させた。島根県川本町では地元の大工、清三郎が考案したと伝わる。その功績をたたえる石碑が川本町川本の弓ケ峯八幡宮に立っている。

石見を築いた たたら

◈冶金《やきん》学者・俵《たわら》 国《くに》一《いち》

1872～1958年。浜田市出身で、東京帝大教授を務めた。大型金属顕微鏡を導入して金属組織学を確立するなど、日本の鉄鋼研究の基礎を築く傍ら、日本刀の科学的研究や中国山地のたたら場の実地調査に力を注いだ。1946年に戦後初の文化勲章を受章。浜田市殿町の浜田市役所前に銅像が立っている。

◈波根八幡宮の船絵馬

1864年作で、波根八幡宮（大田市波根町）所蔵の「船絵馬」には、大田市波根町、久手町一帯に広がる柳瀬浦の船持問屋14軒の所有船が描かれている。銀山領の港を拠点とする〝石見船団〟は、砂鉄や鉄製品を日本各地で売りさばき、コメや食品を持ち帰った。

◈洗庭《あらいにわ》鉄穴《かんな》跡《あと》

浜田市金城町小国にある砂鉄採取の跡地。山中で鉄穴流しを行い、土砂を流しながら砂鉄を採った後に、花こう岩の巨石群が残り、特異な景観となっている。砂鉄採取の歴史は中世以前にさかのぼる可能性もあるという。

◈美濃地屋敷

たたら炭となる山林資源が豊富だった益田市匹見町道川地区では、江戸時代中期から、たたら場の支配人だった美濃地家が庄屋を務めた。重厚な茅葺《かやぶ》き屋根や、代官を迎える座敷を備えた屋敷が残り、往時の繁栄ぶりをしのばせる。

「鉄のまほろば」紙面連載期間中、各専門家にインタビューしました。それらを再掲載します。

重要文化的景観 奥出雲町の価値

広島大教授 中越信和氏語る

なかごし・のぶかず　広島大大学院国際協力研究科教授。広島大大学院理学研究科博士課程修了。専門は生物多様性、生態系、景観など。島根県奥出雲町の文化的景観保存計画策定委員会委員長を務めた。広島県呉市生まれ、63歳。

国の重要文化的景観に選ばれた奥出雲町は、棚田が素晴らしく、それだけで十分に選定要件を満たしているが、棚田ができた背景がすごい。山を崩して砂鉄を採り、たたら製鉄が産業として成立しただけでなく、砂鉄を採った後の土砂を活用して造成した棚田では、おいしい仁多米が作られている。

文化的景観を守るには、住民の同意が不可欠だ。奥出雲町では住民が自分たちの地域の歴史に誇りを持っているから、指定範囲も約1500㌶と広い。最大の要因は地元の熱意と言ってもいい。

製鉄で造られた棚田で仁多米栽培 持続可能なシステム維持

英語のカルチャーの語には「耕す」という意味がある。しかし、日本語の「文化」に農林水産業は含まれていない。日本には古来「ハレ」と「ケ」の世界があり、貴族を中心とした「ハレ」が文化であり、農林水産業の従事者は常に下層に位置づけられてきたため、農耕的な文化的景観を大事にする意識が薄い。

しかし、世界の流れは違う。世界遺産は近年、文化的景観を含む登録が増えている。世界では生態系を含めて持続可能な農林水産業のシステムを維持することの価値が認められている。

文化的景観は、その場所での生活がなければ成り立たない。奥出雲でたたら製鉄で造られた棚田を生かし、本州北部をしのぐおいしいコメを育て、持続可能なシステムを維持していることは価値が高い。

たたらがつくりだした文化的景観は、世界遺産としての価値が十分ある。あとは戦略的な取り組みだ。外国人が訪れる仕掛けや、価値を伝える発信が必要だ。

ストーリーづくりも大切だ。日本文化が最も深いところまで達したと言われる江戸時代に出雲の鉄は全国に流通した。鎖国で他国を侵略をしないことを選択したこの時代、鉄は武器よりも農具に使われるようになり、石垣職人は城から棚田を作り、コメの生産量は増し、人口が増えた。人を切る道具だった日本刀は、日本の究極の美術品となった。いわば江戸時代の平和は出雲が支えたというストーリーが成り立つ。

たたらがつくり出した文化的景観は残すべき文化遺産であり、日本文化の誇りだ。この価値を掘り下げていけば、世界に通用すると確信している。

「鉄のまほろば」企画スタート時（12−13ページ参照）（2015年1月22日付）

江戸期 大量の鉄供給

中国地方 日本の発展に貢献

たたら製鉄研究 角田さんに聞く

江戸時代、中国地方のたたら製鉄で造られた鉄は、日本の鉄生産の8割から9割という圧倒的な量を占めた。たたら製鉄の研究で文学博士号を修得している島根県教育委員会文化財課企画幹の角田徳幸さん(52)に、たたらが果たした役割や技術の広がりなどを聞いた。

—研究のきっかけと面白さは。

「県に入って間もない1989年、浜田道の建設に伴い今佐屋山遺跡（邑南町）を発掘調査したところ、古墳時代後期の6世紀後半、砂鉄を原料にした県内最古の製錬所跡を発見する好機に恵まれた。従来、たたら製鉄はどこでも同じとされていたが、奥出雲、石見、伯耆、広島の地域により個性が強いことが分かってきた。地理的条件の違いに応じた生産をしている。奥出雲と伯耆は山のたたらだが、石見は日本海と江の川の沿岸に立地し原料と製品を船で運んだ海のたたらだ」

—役割をどうみる。

「『鉄は国家なり』と言われたように鉄は国づくりに欠かせない。中国地方のたたらが江戸期、圧倒的な量の鉄を供給したことで、日本の歴史の中で大きな役割を果たし社会の発展に貢献したと実感できる。鉄は農具や鍋、釜、武器などに使われ、鉄のない生活は考えられない」

「中国地方のたたら製鉄が日本の歴史の中で大きな役割を果たした」と位置付ける角田徳幸さん＝松江市殿町、島根県古代文化センター

—たたらの定義とは。

「木炭を使う箱形炉による砂鉄製錬技術だ。古代、吉備に原型ができ平安時代終わりから鎌倉時代初め、豊富な砂鉄と森林を求めて中国山地に人々が入り生産地ができた。さらに室町時代、たたらの施設で最も重要な本床、小舟といった地下構造の原型が石見、安芸で生まれた。たたらでは湿気が上がると、炉の温度が下がり鉄ができない。地下という見えない場所での技術革新によって安定操業や炉の大型化ができ江戸期の近世たたらにつながった」

—日本固有の技術か。

「そうだ。2002年、韓国に1カ月滞在し国内を回り、製鉄遺跡を見て研究者に聞いた。朝鮮半島と中国では同じ物は確認できない。向こうは鉄鉱石を原料に用いる。中国地方では豊富な砂鉄を原料とした。砂鉄は鉄鉱石より採取に手間がかかるが、できた銑鉄はリンなどの不純物が少なく、粘り強くてさびにくい。明治期には鋼を造る原料となり、呉（広島県）の軍需工場で軍艦の装甲板や大砲の砲身になった」

—技術の広がりは。

「江戸時代には奥出雲や伯耆をはじめ、石見の山間部と沿岸部、広島県北、岡山の備中や美作、兵庫の宍粟郡、山口でたたら製鉄が営まれた。同時代、中国地方と東北の南部地方が日本の二大鉄産地だったが、中国地方が圧倒した。

さらに面白いのは幕末に各藩が軍備に力を注いだため、石見のたたら職人が薩摩や佐賀、土佐、長州に赴き、たたら製鉄に携わった。

一般的なイメージで、たたら製鉄は江戸時代で終わったと思われている。しかしその実態は軍事を含めて、明治、大正時代まで続き、近代日本の国づくりを部分的に担った」

「これがたたらだ！」関連で（108－111 ページ参照）（2015 年 3 月 23 日付）

コメ不足、銀と鉄で人口支える

石見銀山資料館 仲野義文館長に聞く

石見は平地が少なく、コメが採れない地域だ。しかし、コメ以外に森林資源、海産物、鉱物は豊富だった。鉱物は石見銀山（大田市）や久喜・大林銀山（邑南町）や、石見全域でたたら製鉄が行われた。それらを支えたのが水運だ。大田市や江の川沿いに多くの回船業者がいた。山間部へ海産物や不足するコメを運び、山間部からは鉄を運び出した。つまり、鉄や銀の生産で利益を上げてコメを買い、人口を支えた。これが石見の本質的な姿だ。

石見のたたらの特徴は、経営体が中小規模だったこと。松江藩に比べて藩の保護が弱く、税金を払えば許可が得られた。参入しやすい反面、大規模な鉄師は育たなかった。一方で、株のやりとりを通じた経営と資本の分離が見られる。たたらを手がける地域の有力者が株を発行し、資金を融通し合った。小規模でも事業を存続させる知恵だ。経営者が代わっても職人は引き続き働けるので、雇用安定にもつながった。

もう一つの特徴は、回船業者の存在だ。出雲部では木炭供給が容易な山間部でたたらを行っているが、石見では江の川沿いを含む沿岸部で操業した。回船業者が砂鉄、木炭の原料、製品の銑鉄を運び、陸送よりもコストが下がり、沿岸部での操業が可能となった。

回船業者は鉄を東北から九州など各地に運んで売り、コメを仕入れ、石見で売った。大田市の回船業者の収支を調べると、鉄よりもコメで利益を上げている。資金力があった回船業者はたたら経営に乗り出す例が増え、しょうゆや酒の製造に進出するなど、総合商社化していった。

また、石見には二つの世界遺産（石見銀山と石州半紙）があるように、ものづくりの伝統がある。平地が少ないので、人々は手に職を付けて現金収入を得てきた。石州左官や大工、紙すき、窯業などが発展した。土地への執着が薄く、移動しながら生計を立てる石見人の気質が育った。

背景には、銀鉱山があった石見では、早くから貨幣経済が浸透したことがある。大森周辺に20万人が暮らすなどバブル的な状況があり、賃金を稼ぐ労働者や職人が早くから存在した。これが、石見のものづくりや回船業を支えた。

石見では、銀山とたたらが衰退すると人口が流出した。原材料生産にとどまったため、石見銑を買い入れて金属加工業を育てた北信越との違いが出ている。石見でなぜ過疎が進むのか、産業をどう育成するのか。まずは、石見地域の歴史を研究し、見つめ直す必要がある。

（談）

なかの・よしふみ　1965年、広島市生まれ。別府大文学部史学科卒。鉄の歴史村地域振興事業団学芸員、石見銀山資料館学芸員を経て、同館館長。大田市文化財審議委員。専門は江戸時代の産業史。同市鳥井町。

「石見を築いたたたらと水運」関連で（112－113ページ参照）（2015年8月31日付）

郷土歴史家の声

「出羽流」製法は最先端

吉川　正さん
（邑南町文化財保護審議会副委員長、66歳）

10年ほど前の時点で、島根県内の製鉄関連遺跡1500カ所のうち500カ所は邑南町にあった。町のたたらの歴史は古く、今佐屋山1号炉は6世紀末に稼働していた。

邑南町を流れる出羽川の南岸は砂鉄をふんだんに含んだ花こう岩の地質で、たたらに適した地域だった。名鋼と言われた「出羽鋼」を生産し、たたらでできた鉧《けら》を急速冷却する鉄池を備えた製法「出羽流」を確立した。

製鉄炉に風を送る複数の鞴《ふいご》を同時に使う方法も早くから行われた。瑞穂町誌には、1596年に邑南町内のたたらで、16丁の鞴を使った「大吹」という手法を実験し、広島方面から関係者が大勢視察に来たという記述がある。

風力が増せば炉は大型化する。地下構造も先進的で、邑南は中世まで、技術的に先頭を走っていたのではないか。

地域越えた研究連携を

隅田　正三さん
（波佐文化協会会長、73歳）

浜田市金城町では、古くからたたら製鉄と和紙生産が盛んに行われた。いずれも津和野藩の産業振興策として行われた。

たたらの歴史は古代までさかのぼる。石見は、石を見ると書く。古代から鉄穴流しで砂鉄を採取して、土を取り除いた後に石がごろごろしている状況を示している。

石見は、出雲部に比べて発掘調査が少ないこともあり、歴史の全貌はまだ見えていない。石見全域で、学術調査を体系的に進めるべきで、たたら研究では地域を越えた連携が必要だ。

波佐では1972年に波佐文化協会を設立し、社会教育で町おこしをしていこうと活動を続けてきた。現在は「カルチャーミュージアム」と名付けた活動を行っている。歴史を学びながら、地域を丸ごと見てもらいたい。

「石見を築いたたたらと水運」関連で（112－113ページ参照）（2015年8月31日付）

山陰 たたら製鉄の歴史

たたら製鉄は、粘土で炉を築き、原料の砂鉄と木炭を交互にくべて、ふいごで風を送って燃焼させ、鉄を得る日本古来の製鉄法。山陰地方で最古の製鉄遺跡は、島根県邑南町の今佐屋山遺跡で古墳時代後期の6世紀後半に鉄を造っており、画期的な発見となった。遺跡からは原料の真砂砂鉄も見つかっており、たたらの源が見いだせる。

さらに、奈良時代の733年に編集された「出雲国風土記」の仁多郡横田郷の条には「もろもろの郷から産出する鉄は堅くて種々の器具を造るのに最適である」と記されている。鉄資源が豊富で、8世紀はじめには既にこの地域が鉄生産の拠点となり、重要な役割を担っていたことが分かる。風土記の飯石郡では、波多小川と飯石小川について「鉄あり」と記述していることから、砂鉄の採取が行われていたことを示す。

次いで、10世紀の「延喜式」や「政事要略」から、中央への税として鉄やくわが定められているのは、筑前と出雲、伯耆、備後、備中であり、古代の鉄の主産地として知られていた。

中国山地では、山腹などの小さな平地にある小規模なたたら跡を「野だたら」と呼び、平地に近く工場のような大きな建屋（高殿）で長い年月、連続操業する大規模なものを「高殿たたら」ないし「永代たたら」と呼び分けている。おおむね、「野だたら」は中世以前、「高殿たたら」は近世以降となる。

中国地方の産鉄は中世後半には全国的なシェアを占め、中世末には風化した花こう岩の山を崩す鉄穴流しによる砂鉄採取が行われていた。これらが次の高殿たたらによる企業的量産の下地となる。さらに大型の天

古代製鉄遺構模型（和鋼博物館所蔵）

秤ふいごの発明を画期に、送風量が飛躍的に増え、鉄の増産につながった。天秤ふいごは急速に普及し、仁多郡では元禄４（１６９１）年より始まると記録されている。

　高殿たたらは江戸時代の17世紀後半に突如として現れる。天秤ふいごの送風の増強が炉の大型化をもたらし、高殿での連続操業が可能となった。技術者集団（山内）を率いて企業的となり、立地も材料の搬入出や山内の配置などから平地に下り、製鉄の守護神である金屋子神を祭るようになっていく。

天秤鞴《ふいご》（和鋼博物館所蔵）

金屋子神図＝堀江有聲筆（和鋼博物館所蔵）

　江戸時代、松江藩は試行錯誤の末に享保11（１７２７）年、たたら製鉄に関する政策を決定づけた出雲国鉄方御法式によって、藩内の有力鉄師９人だけに、たたら株を与えることにするとともに、たたら場を10カ所に制限した。また、先納銀を課す制度を定め、近世期はこの体制が続いた。これによって藩の保護のもとで田部家や絲原家、櫻井家、卜蔵家をはじめとする大鉄師を生み出し、全国一大生産地帯としての地位を確立していった。

鉄穴流し風景図＝下村尚衛門信重著「鉄山記」（幕末ごろ刊行）より（和鋼博物館所蔵）

　一方、島根県西部の石見地方も江戸時代、出雲と並ぶ鉄の生産地だった。しかし、出雲と異なり、大田市や川本町、江津市などにあった、たたら場は日本海沿岸や江の川沿いに立地。原料や出来上がった製品を船で運ぶ「海のたたら」としての特色を備えていた。

　石見地方と鳥取県西部の伯耆地方では、松江藩が管理した出雲地方と違って自由競争の中で、たたら経営が行われた。伯耆の奥日野には江戸時代後期、鉄師が20人いたが、明治期の鉄価格の下落に伴い多くの鉄師がたたらから撤退。根雨の近藤家が徹底した効率化と合理化で経営規模と販路を拡大し、日露戦争当時には、島根県奥出雲の田部、絲原、櫻井の鉄師御三家が造った鉄の総量を上回る鉄生産を近藤家が一手に担った。

江戸時代の幕藩体制が終わり、明治期に入ると、価格が安い洋鉄が輸入され始める。また、近代化の流れに伴い、日本古来の製鉄法のたたら製鉄は生産性の面で太刀打ちできなくなり、大正末年にたたら製鉄の炎が一時、途絶えた。その際、砂鉄を原料とする製錬の効率化を図り、たたら製鉄と西洋式製鉄を組み合わせた角型溶鉱炉（角炉）が造られた。大正7（1918）年には鳥上木炭銑工場（奥出雲町大呂）に建設され、昭和40（1965）年9月まで操業し、わが国の製鉄の近代化遺産となっている。

たたらの炎は大正期に消えたが、軍刀の需要が高まり、昭和8（1933）年に日本鍛錬会によって鳥上木炭銑工場に隣接して靖国たたらが建設され、操業を始めた。同時期、卜蔵家の原たたら（奥出雲町竹崎）が叢雲たたらとして操業したほか、田部家の菅谷たたら（雲南市吉田町吉田）などでも鉄が造られたものの、終戦とともに、またもや炎が消えた。こうした事態の後に良質な玉鋼が枯渇し、日本刀の作刀技術の伝承が困難になるという危機感を背景に、日本美術刀剣保存協会（日刀保）が昭和52（1977）年に、靖国たたらの場所に地下構造を活用して日刀保たたら（奥出雲町大呂）を設置。終戦から32年の時と2度にわたる廃絶の荒波を越えて、たたら製鉄の炎がよみがえった。

現在、日刀保たたらでは毎年冬に3回操業して、出来上がった玉鋼を日刀保が全国の刀匠に日本刀の原材料として供給している。東アジアをはじめ、世界の中でも日本独自の技術である、たたら製鉄の炎がともるのは日本国内で1カ所だけ。たたらそのものと、日本刀を造る技が過去から現在、未来へと受け継がれる。

江戸時代に松江藩の鉄師頭取を務めた田部家の土蔵郡

昭和初期の菅谷たたら山内風景

角炉から流れ出す木炭銑を金型に入れて固める作業＝昭和 35 年ごろ
（日立金属安来製作所鳥上木炭銑工場提供）

山陰たたら製鉄の歴史関連略年表

時　代	西　暦	出　　来　　事
奈　良	700 ～ 800	出雲国風土記の仁多郡の条に「諸郷から出る鉄は固く、さまざまな物を造るのに最適である」と記載。飯石郡の波多小川と飯石小川の項に「鉄あり」と書かれ砂鉄が採取されていたことが分かる
平　安	800 ～ 900	伯耆で安綱、真守らが作刀を始める。伯耆の刀匠・安綱が（銘）名物童子切安綱を作刀
鎌　倉	1200 ～ 1300	出雲国飯石郡菅谷村で鈩製鉄が屋内操業に移るとの説あり
室　町	1400 ～ 1500	田部家の祖、紀州田辺庄よりこのころ出雲へ移り、鈩製鉄を開始 日本刀を明国へ輸出（1467）日本刀 30000 把以上
	1500 ～ 1600	石見銀山で銀の精錬法・灰吹法に成功
江　戸	1603	江戸幕府が成立
	1624	絲原家の祖、広島から奥出雲の仁多に移り鈩製鉄を開始
	1644	櫻井家の祖、広島から奥出雲の仁多に移り鈩製鉄を開始
		出雲国吉田村菅谷に高殿開設の説あり
		松江藩が鉄山の山焼きを禁じて製鉄業の保護をなす
	1691	奥出雲で天秤ふいごによる鉄製錬が開始
	1703	久慈鉄山が出雲流鉄山の技術を導入
	1713	「和漢三才図絵」に鉄の等級を「雲州・播州を上、備後・備中・奥州・芸州が続き、伯州・作州・日向を経て但馬を最下となす」とある
	1722	松江藩が鉄師頭取を置く。田部・櫻井の交代が多い
	1725	松江藩が鉄方法式を定める
	1784	伯耆の山師・下原重仲が「鉄山秘書」を著す
		奥出雲の鈩、鉄山に御仕向鈩　御鉄山の名称を付す（絲原家文書）
	1853	ペリーが浦賀に来航
		広島藩が領内すべての鉄山を藩営とする
		鳥取藩が六尾反射炉操業開始
	1867	大政奉還
明　治	1883	中国地方の鈩製鉄の総生産量が全国鉄生産の 98･6％を占める
	1894	日清戦争
	1899	出雲・伯耆地方の鉄山師が松浦弥太郎を中心に安来に「雲伯鉄鋼合資会社」を設立。日立金属安来工場の源となる
	1904 ～ 05	日露戦争
	1908	山陰本線開通
大　正	1917	株式会社安来製鋼所が仁多郡横田町鳥上に木炭銑工場を新設
	1922	菅谷鈩が閉山。中国山地で鈩の炎がいったん消える
昭　和	1933	仁多郡横田町の鳥上工場内で靖国鈩を復元。1944 年までの玉鋼累計生産量約 50 トン
	1945	第 2 次世界大戦が終わる。軍刀生産が終わり、中国地方で鈩製鉄の火が消える
	1946	和鋼記念館が安来に開館
	1953	和鋼記念館に俵国一記念室を開設
	1959	和鋼記念館の「鈩製鉄用具」が国の重要有形民俗文化財に指定
	1969	菅谷鈩が国の重要有形民俗文化財に指定
	1977	日刀保（日本美術刀剣保存協会）鈩が復興
	1986	吉田村が「鉄の歴史村」宣言
平　成	1993	和鋼博物館が開館。奥出雲たたらと刀剣館開館
	2016	「出雲國たたら風土記～鉄づくり千年の物語～」が日本遺産認定

日刀保たたら操業の意義とこれからの日本刀文化

公益財団法人日本美術刀剣保存協会たたら・伝統文化推進課長　黒滝　哲哉

「文部科学大臣は、文化財の保存のために欠くことのできない伝統的な技術又は技能で保存の措置を講ずる必要があるものを選定保存技術として選定することができる。」これは文化財保護法第１４７条第1項の条文である。

文化財保存のために、極めて重要な位置づけを与えられた技術を選別し、「選定保存技術」という分野を国は定めた。選定保存技術とはいわゆる人間国宝の技術の下支えを形成する技術群のことであり、高度経済成長なる時代思潮が世を席巻した昭和40年代に、さまざまな日本古来の文化やそれを支える技術が途絶える危機的状況の中で、この制度が発足した。

公益財団法人日本美術刀剣保存協会は、この指定を昭和52（１９７７）年に受け、文化財保存のための技術伝承を大前提にして歩んで来た。そのため、財団の略称である「日刀保」を冠し「日刀保たたら」と呼んでいる。したがって、「日刀保たたら」の運営主体が当財団であることは、再度強調しておかなければならない。日本刀は現在でも制作に携わる技術者つまり刀匠が数百名はおり、その中でも卓越した技量を持った者が、重要無形文化財保持者つまり人間国宝と言われる。日刀保たたらを操業することの第一の意義は、その日本刀制作技術への原材料供給である。そして第二の意義は、たたら製鉄の技術者の養成があげられる。つまりは村下《むらげ》と呼ばれる技師長の養成である。現今では、村下後継者として代行二名、上級養成員二名、中級および初級養成員三名づつの計十名が明日の村下を目指している。

では、以上の様な文化財保存のための重責を担っている「日刀保たたら」と、これが支えている日本刀文化は、今後いかなる方向性をたどっていくべきなのであろうか。

一つの方策として、日本刀の制作技術が「伝統工芸」の枠であることをあらためて確認する作業を通じて、日本刀の価値を高めていく活動に取り組んでいきたい。

奥出雲たたらと刀剣館に展示されている日本刀＝島根県奥出雲町横田

砂鉄から鉄を作る「たたら」、たたらで出来た「玉鋼」を刀にしていく「作刀」、出来た刀を研磨する「研ぎ」、そして鞘や柄といった刀装も必要となってくる。刀装は、木工・漆工・金工・革工・染工といった伝統工芸の糾合である。たたらをスタートとして、鞘のついた一振りの刀ができあがるまでの工程をたどることで、日本の伝統技術はほぼ語り尽くせる。この事実を再確認して、日本刀はより工芸的にも学術的にも、高尚さをともなった文化財および文化であるという認識を広めていく必要があるだろう。

日刀保は付属施設として「刀剣博物館」を運営している。２０１７年の秋には、国技館横の安田庭園内に博物館を新築し、財団組織とともに移転することが決まっている。

昨今は刀剣ブームである。たたらや日本刀にとり好機到来とも言えるこの時期に、新装なった博物館を拠点にして文化としてのたたら、そして日本刀の魅力を伝え続けていきたい。

玉鋼の折り返し鍛錬をする刀匠の小林俊司さん＝島根県奥出雲町横田、奥出雲たたらと刀剣館

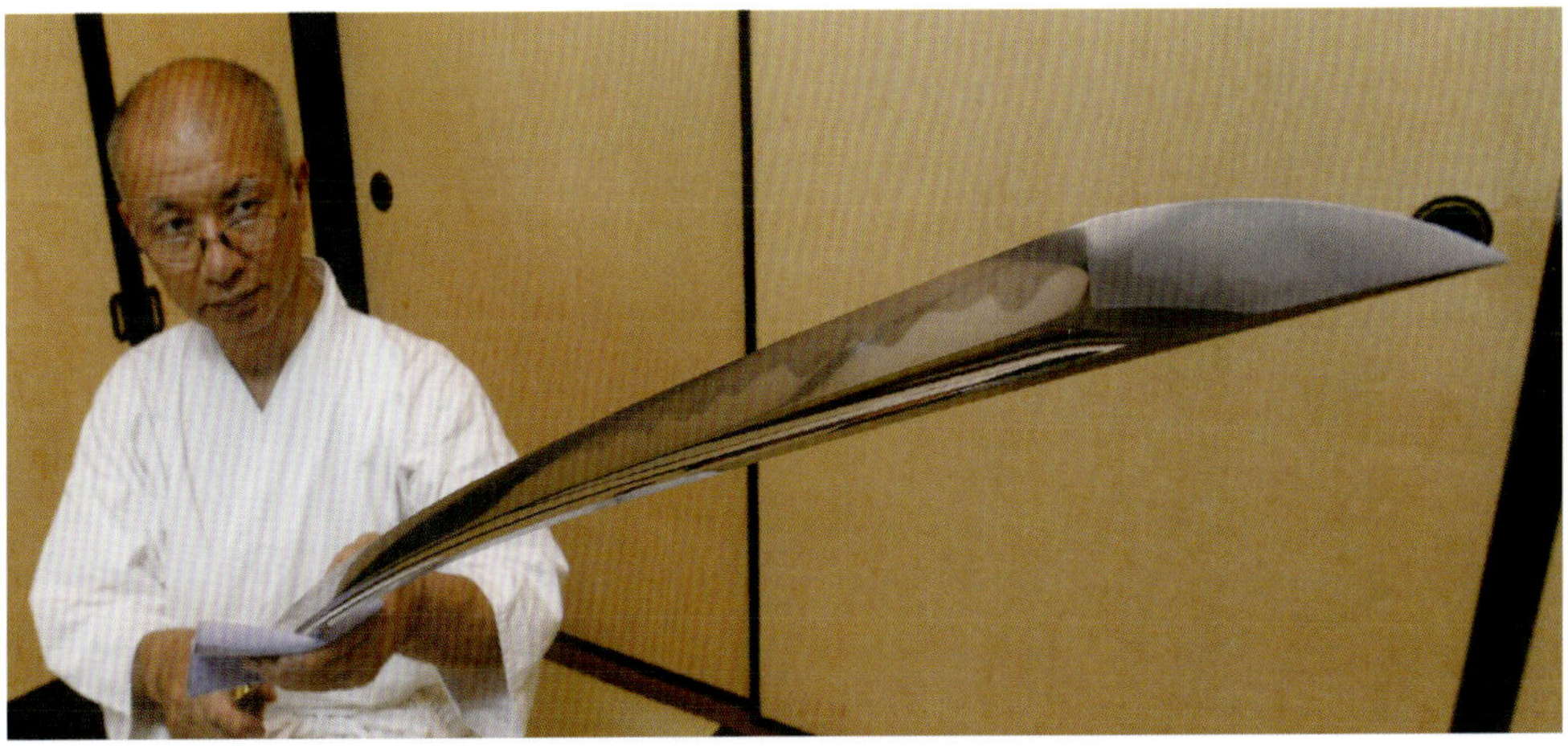

自作の日本刀を手にする刀匠の三上貞直さん＝広島県北広島町有田

山陰中央新報文化面に２０１５年８月６、７日に掲載した山﨑亮島根大学法文学部教授による論考「金屋子神の来歴」を転載します。

金屋子神の来歴 ㊤

——〈山﨑　亮〉

原縁起発見で浮上
遺体を神体化　特異な伝承

出雲能義郡「黒田之奥比田」（現安来市広瀬町西比田）に白鷺《しらさぎ》に乗って飛来し、桂の木に降り立った金屋子《かなやご》神が、在地の狩人安部氏に見いだされて「吾は金屋子の神なり」と名乗りを上げ、みずから鑪《たたら》を操業する。この神を安部氏が祀《まつ》って、たたら製鉄の守護神たる金屋子神社を創始したというのが、金屋子神をめぐって最もよく知られた伝承である。

けれどもこの伝承は、1784（天明4）年成立の「鉄山秘書」に収められた「金屋子神祭文」以外には見られない。しかも本書は、浜田市出身の冶金学者・俵国一が1912（明治45）年に翻刻するまでは、まったくと言っていいほど知られていなかった。

他方で、幕末以降、たたら製鉄が盛んな中国地方各地には、金屋子神にまつわる多様な縁起類が出回っていたが、それらはいずれも「金屋子神祭文」とは異なる伝承を伝えている。しかし、本社西比田金屋子神社の記録の大半が幕末の火災により失われてしまったこともあって、金屋子神をめぐるこれら多様な縁起類を理解する手掛かりはほとんど残されておらず、金屋子神の来歴は謎に包まれたままであった。

ところが、2008（平成20）年度から始まった田部家（雲南市吉田町）古文書調査の過程で、1665（寛文5）年の「金屋子神略記」—田部家のたたら製鉄の守護神である木ノ下金屋子神社の由来が記されている—が発見され、さらに昨年、西比田金屋子神社に伝えられてきた原縁起ともいうべき「金山姫宮縁記」の写本が見つかったことで、金屋子神の来歴がにわかに浮かび上がってきたのである（詳しくは、山﨑亮「金屋子神縁起類の諸相—『金屋子神略記』と『金山姫宮縁記』をめぐって」を参照されたい）。

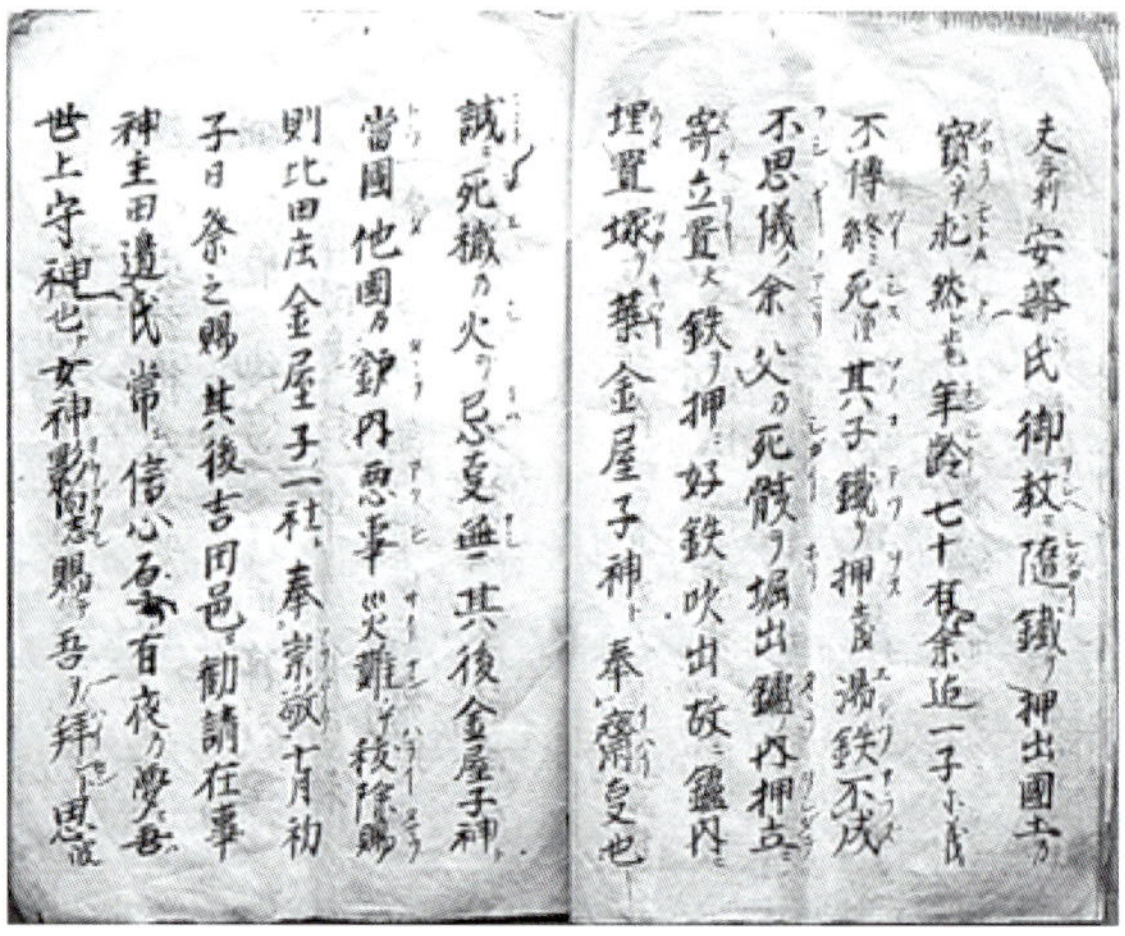

田部家所蔵の「金屋子神略記」（部分）

では、新たに発見された二つの縁起に共通するモチーフはどのようなものであろうか。金山姫宮—「古事記」では、イザナミの嘔吐《おうと》物から生まれたことになっている—は、鉱業技術の伝承者として、まず奥州に降臨して金を採掘する。次いで吉備の中山でたたら製鉄を創始し、さらに能義郡黒田の「桂木の森」に現われて、安部氏に製鉄技術を伝授する。その後、金山姫はどこかへ飛び去ったが、安部氏の息子が父の「死骸」を鑪場のなかに埋めて塚を築き、これを金屋子神として尊崇して、西比田金屋子神社が成立する。金屋子神社の宮司、安部家の先祖の遺体を神体にしたという、極めて特異な伝承であるが、これが17世紀後半には成立していたのである。

（島根大学法文学部教授）

（2015年8月6日付）

金屋子神の来歴 ㊦

＜山﨑　亮＞

祭文に近世鑪の用語

安芸北部が伝承の源流か

西比田金屋子神社の原縁起と目される「金山姫宮縁記」では、田部家古文書調査で発見された「金屋子神略記」と共通する伝承の前段として、三国伝来の中世的・仏教的世界観に基づく金山姫宮の冒険譚《たん》が置かれていた。

それによると、大日如来の化身たる金山姫は当初、天竺《てんじく》の須弥山傍らの鉄囲山《てっちせん》の洞窟に「三十三の姫宮九十九社」として籠《こも》っていたのだが、「一ノ王」「二ノ王」「三ノ王」という3群の「三十三の姫宮」に分かれ、「一ノ王」は天竺で祇園精舎の鐘を鋳造し、「二ノ王」は唐土で干将莫耶《かんしょうばくや》となって名剣を作る。その後「三ノ王」が日本に到来して、先に見たように製鉄技術を伝授した、とされる。

17世紀後半には西比田金屋子神社で成立していたと考えられる「金山姫宮縁記」の、このように壮大ではあるがいささか荒唐無稽な伝承は、幕末以降各地に流布された金屋子神縁起類の原型をなしていた。独自の神格として金屋子神が降臨するという「金屋子神祭文」の伝承よりも、仏教的世界観を背景として安部氏の遺体を金屋子神の神体とみなす「金山姫宮縁記」の伝承の方が、少なくとも幕末以降、1912（明治45）年に至るまでは、金屋子神の縁起として一般に広まっていたのであった。

たたら製鉄の守護神をまつる金屋子神社＝安来市広瀬町西比田

ところで、近世後半以降、出雲を中心に展開するこのような金屋子神縁起類の源流は、16世紀半ばの安芸北部に求めることが可能である。鉄囲山に籠っていた「九十九人の姫宮」が3群の「三十三人の姫宮」に分かれて活躍するというモチーフは、安芸山県郡壬生村（現広島県山県郡北広島町）の神職井上家に伝わる1541（天文10）年の「かないこ神祭文」のなかに、すでに素朴な形で確認することができる（「千代田町史　古代中世史料編」499～503ページ）。

さらにこの祭文には、これまで近世期にしか確認されていなかった「かないこ神」（金屋子神）の名称や、村下《むらげ》や元山《もとやま》など、近世の鑪《たたら》の用語を思わせる語《ご》彙《い》も数多く含まれている。

近年の考古学の研究成果によると、一般には17世紀後半以降本格的に大型化するたたら製鉄炉の地下構造の原型が、安芸北西部ではすでに16世紀に出現していたという（角田徳幸「たたら製鉄の成立と展開」2014年）。

このような、当時としては先端的な製鉄技術が出雲地方に伝えられて、やがて近世後半のたたら製鉄の隆盛をもたらすことになったと考えられるのであるが、とするならば「かないこ神」（金屋子神）をめぐる伝承が同時に出雲に伝えられていたとしても不思議ではない。「金屋子神略記」と「金山姫宮縁記」の発見によって、その近世後半以降の道筋が判明したかに見えた金屋子神の来歴は、さらに中世末にまで延長され、その間の道筋はいまだ定かではない。金屋子神に関わる伝承内容をめぐって、今後の研究の進展が望まれるところである。

（島根大学法文学部教授）

（2015年8月7日付）

たたらのふるさとを訪ねて

中世以前から明治時代まで中国山地の経済や暮らしを支え続けた「たたら製鉄」。その歴史は、今も各地の産業や暮らしの中に根付いている。鉄穴流しの痕跡は山間部の棚田となり、鉄穴残丘の特異な景観は人々の目を引きつける。世界で唯一、たたら製鉄の火を守る日刀保たたら（島根県奥出雲町大呂）は日本刀の原料となる玉鋼を生産し、技術は現代にも受け継がれている。島根県内には、たたらの足跡を学べる遺跡や展示・学習施設が数多くある。訪ねると、郷土を築いてきた人々の営みを知り、風土を感じる旅になる。

たたら製鉄に関する学習施設や遺跡

（電話番号は問い合わせ先）

1「田部家の土蔵群」

（雲南市吉田町吉田）

白壁土蔵18棟が整然と並び、鉄師・田部家の繁栄をしのばせる。近くの「鉄山師の町歴史館」では、田部家の歴史や北前船によって運ばれた鉄の交易などを紹介する。雲南市商工観光課☎0854（40）1054

2「鉄の歴史博物館」

（雲南市吉田町吉田）

たたら職人の生活文化を伝えるパネルや操業道具をはじめ、吉田町内の遺跡を紹介する資料、荷札など410点を公開。等身大ジオラマセットの鍛冶作業の紹介コーナーも。同館☎0854（74）0043

3「菅谷たたら山内」

（雲南市吉田町吉田）

田部家が1921年まで操業した菅谷高殿（重要有形民俗文化財）を中心に、従事者が住んだ山内集落が残る。高殿正面のカツラの巨木は春に赤い花を付ける。鉄の歴史村地域振興事業団☎0854（74）0311

4「絲原記念館」

（奥出雲町大谷）

絲原家のたたら解説のほか、家伝の儀礼用具や嫁入り道具などを展示。当主が創設に関わった簸上鉄道（現JR木次線）の資料や松江藩主来訪時の供応の様子を再現した展示も。同館☎0854（52）0151

5「奥出雲たたらと刀剣館」

（奥出雲町横田）

国内で唯一操業する日刀保たたらや、近世の奥出雲の企業たたらなどを各種史料とパネルで解説する。実物大の製鉄炉の地下構造模型は圧巻。月2回、日本刀の鍛錬実演も。同館☎0854（52）2770

6「日刀保たたら」

（奥出雲町大呂）

日本美術刀剣保存協会がたたら製鉄を行う高殿、鋼造場などが並ぶ。毎年冬、各地の刀匠、技術支援する日立金属グループの社員による3昼夜連続操業が1年に3度営まれ、日本刀の原料となる玉鋼が供給される。隣接地に日立金属安来製作所鳥上木炭銑工場がある。

⑦「鉄穴残丘」
（奥出雲町一帯）

砂鉄採取の際、お墓やほこらがある場所を避けながら大地を削ったため、ラクダの背のように残った丘陵。稲原、大呂両地区など町内各地に点在する。奥出雲町教育委員会☎0854(52)2680

⑧「可部屋集成館」
（奥出雲町上阿井）

櫻井家の美術工芸品、たたら関連資料、松江藩主お成りの際の調度品など数千点を収蔵。狩野派や田能村直入の作品が有名で、年3回の企画展などで披露される。同館☎0854(56)0800＝冬季休館

⑨「金屋子神社・金屋子神話民俗館」
（安来市広瀬町西比田）

神社は鉄造りの神・金屋子神を祭る神社の本社。隣接する神話民俗館（冬季休館）は、たたら従事者の信仰文化の解説や、たたらの操業地を示す江戸時代の寄進者を記した勧進帳を公開。同館☎0854(34)0700

⑩「和鋼博物館」
（安来市安来町）

国の重要有形民俗文化財に指定されているたたらの操業用具をはじめ、日立金属安来工場の特殊鋼製品、雲伯鉄鋼会社の歩みなどハガネの町の歴史を映像やパネルで紹介する。同館☎0854(23)2500

⑪「田儀櫻井家たたら製鉄遺跡」
（出雲市多伎町奥田儀）

たたら製鉄を営んだ田儀櫻井家の中心的な製鉄遺跡で住宅跡、墓地、金屋子神社などがあり、2006年に国史跡に指定された。同遺跡保存会事務局☎0853(86)2611

⑫「波根八幡宮」
（大田市波根町）

1864年の船絵馬を所蔵。大田市波根、久手一帯に拠点を置いた船問屋14軒の所有船が描かれる。大田市は砂鉄や鉄製品を運ぶ船団の一大拠点だった。波根まちづくりセンター☎0854(85)8625

⑬「俵 国一銅像」
（浜田市殿町）

浜田市出身で文化勲章を受賞した冶金学《やきんがく》の大家・俵国一（1872〜1958年）を顕彰。日本の鉄鋼研究の基礎を築き、山陰のたたらの実地調査を行った。俵が集めた資料は、和鋼博物館に所蔵されている。浜田市教育委員会☎0855(25)9731

⑭「金城歴史民俗資料館」
（浜田市金城町波佐）

鉄製品を保管したたたら蔵を活用し、再現した窯や道具類、経営者の収支を記した大福帳など貴重な資料が保存、展示されている。地域研究センター協議会事務局☎090(4697)2818＝平日は原則休館

⑮「笠松峠の石畳」
（浜田市金城町波佐）

中国山地にあった津和野藩領をつなぐ、津和野奥筋街道にあたるルートで、波佐と弥栄をつなぐ笠松峠に1・2㌔にわたって石畳が敷かれている。地域研究センター協議会事務局☎090(4697)2818

⑯「美濃地屋敷」（益田市匹見町道川）

江戸時代からたたら製鉄の支配人を務めた美濃地家の屋敷が保存され、重厚な茅葺《かやぶき》屋根も残っている。屋敷内で精進料理を楽しむ「美濃地邸食」が人気。同屋敷☎0856(58)0250

⑰「今佐屋山製鉄遺跡」
（邑南町市木）

1989年の発掘調査で6世紀（古墳時代後期）の製鉄炉であることが判明した。県内で最も古い製鉄遺跡。邑南町教育委員会☎0855(83)1127

⑱「邑南町郷土館」
（邑南町下亀谷）

製鉄炉の送風装置「天秤ふいご」が展示されており、他にも製鉄関連の資料が多数保管されている。近くには瑞穂ハンザケ自然館がある。町郷土館☎0855(83)1580

⑲「於保知盆地」
（邑南町矢上と中野の一帯）

良質な砂鉄を含む花こう岩質で17世紀ごろから大規模な鉄穴流しが行われ、地形が変わるほどに山が削り取られた。展望台があり、寒い日にみられる雲海が有名。邑南町教育委員会☎0855(83)1127

⑳「都川の棚田」
（浜田市旭町都川一帯）

鉄穴流しが行われ、斜面に田んぼを造成するため、土砂を流したり、石垣を組んだりする技術が発達。地区全体に美しい石垣を備えた棚田がみられる。日本の棚田百選。都川公民館☎0855(47)0001

㉑「室谷の棚田」
（浜田市三隅町室谷一帯）

良質な砂鉄を産出し、大規模な鉄穴流しが行われ、砂鉄は石見各地、県外に送られた。砂鉄の採取跡は農地となり、特に室谷は28㌶に1千枚以上の棚田がある。日本の棚田百選。浜田市教育委員会☎0855(25)9731

㉒「宅野の町並み」
（大田市仁摩町宅野）

砂鉄や木炭などを船で運び入れてたたら製鉄を行った藤間家を中心に栄えた。しょうゆや酒、瓦など原料を船で運び入れ、加工して出荷し、回船業も盛んだった。宅野まちづくりセンター☎0854(88)9511

㉓「創天秤鞴記の碑《てんびんふいごをはじむるのき》」
（川本町川本）

たたら製鉄の送風装置の天秤鞴は江戸時代に完成。足踏みで送風でき、生産性が向上した。川本町では大工の清三郎が考案したと伝わり、弓ケ峯八幡宮の境内に碑がある。川本町教育委員会☎0855(72)0001

㉔「小川家雪舟庭園」
（江津市和木町）

かつて鉄穴流しを応用し砂丘開拓をした小川家。庭園は室町時代中期、小川家に滞在した雪舟が作庭したと伝わる。書院から眺める山容は四季の変化に富み、斜面に巧みに配された大小さまざまな立石が鑑賞者に水墨画のような世界観を感じさせる。同園☎0855(53)1213

㉕「たたらの楽校根雨楽舎」
（日野町根雨）

明治期に一時、奥出雲御三家の産鉄量をしのいだ近藤家など奥日野の鉄山師を紹介する資料を設置。大宮楽舎（日南町印賀）は印賀鋼やたたらの仕組みを解説する。日野町商工会☎0859(72)0249

◇主要参考文献◇

『たたら吹製鉄の成立と展開』（角田徳幸、清文堂、2014年）
『美鋼美幻―「たたら製鉄」と日本人』（黒滝哲也、日刊工業新聞社、2011年）
『たたら製鉄と近代の幕開け』（島根県立古代出雲歴史博物館編・刊、2011年）
『たたら製鉄・石見銀山と地域社会―近世近代の中国地方』（相良英輔先生退職記念論集刊行会編、清文堂、2008年）
『山陽・山陰鉄学の旅』（島津邦弘、中国新聞社、1994年）
『中国地方における鉄穴流しによる地形環境変貌』（貞方昇、渓水社、1996年）
『史跡田儀櫻井家たたら製鉄遺跡総合ガイドブック』（出雲市編・刊、2011年）
『金屋子信仰の基礎的研究』（鉄の道文化圏推進協議会編、岩田書院、2006年）
『金屋子縁起と炎の伝承　玉鋼の杜』（安部正哉、金屋子神社、1985年）
『続美しい村』（牛尾三千夫、石見郷土研究懇話会、1977年）
『街道をゆく7砂鉄のみちほか』（司馬遼太郎、朝日新聞社、1976年）
『奥出雲町文化的景観保存計画書』（奥出雲町教育委員会編・刊、2013年）
『山陰におけるたたら製鉄の比較研究』（島根県古代文化センター、2011年）
『鐵の道を往く』（鐵の道文化圏推進協議会編、山陰中央新報社、2002年）
『島根県木炭産業史』（島根県木炭協会編、1982年）
『阿須那史考』（三上厳、阿須那公民館、1957年）
『黒十字写真万葉録・筑豊10』（上野英信・趙根在監修、葦書房、1986年）
『歴史の道調査報告書　西廻り航路　隠岐航路』（島根県教育委員会編、1998年）
『大板山たたら製鉄遺跡発掘調査報告書』（渡辺一雄・柏本秋生、萩市歴史まちづくり部文化財保護課、2012年）
『民俗の行方　山陰のフィールドから』（山陰民俗学会編、山陰中央新報社、2012年）
『松江藩の時代』（乾隆明編著、山陰中央新報社、2008年）
『続松江藩の時代』（乾隆明編著、山陰中央新報社、2010年）
『古代出雲文化フォーラムⅠ　神話・青銅器・たたら』（島根大学企画・編集、今井書店、2013年）
『小判・生糸・和鉄―続江戸時代技術史―』（奥村正二、岩波書店、1973年）
『荘原歴史物語』（池橋達雄、報光社、2004年）
『斐川町史』（斐川町史編纂委員会編、斐川町教育委員会、1972年）
『出雲平野とその周辺　生成・発展・変貌』（石塚尊俊、ワン・ライン、2004年）
『斐伊川史』（長瀬定市、斐伊川史刊行会、1950年）
『斐伊川誌』（建設省中国地方建設局出雲工事事務所編・刊、1995年）
『島根の国絵図－出雲・石見・隠岐』（島根大学附属図書館編、今井印刷、2012年）
『絵図の世界－出雲国・隠岐国・桑原文庫の絵図』（島根大学附属図書館編、ワン・ライン、2006年）

山陰中央新報社「鉄のまほろば」取材班

小滝　達也
引野　道生
森田　一平
森山　郷雄
増田枝里子

ブックデザイン　工房エル

鉄のまほろば ～山陰たたらの里を訪ねて

発　行　日　2016年５月25日　第１刷
　　　　　　2016年12月25日　第２刷
　　　　　　2019年12月10日　第３刷
編　　　者　山陰中央新報社
発　行　者　松尾　倫男
発　行　所　山陰中央新報社
　　　　　　〒690－8668　松江市殿町383
　　　　　　電話　0852－32－3420（出版部）
印　刷　所　㈱報光社
製　　　本　日宝綜合製本㈱

ISBN 978-4-87903-197-6　C0030　￥1500E